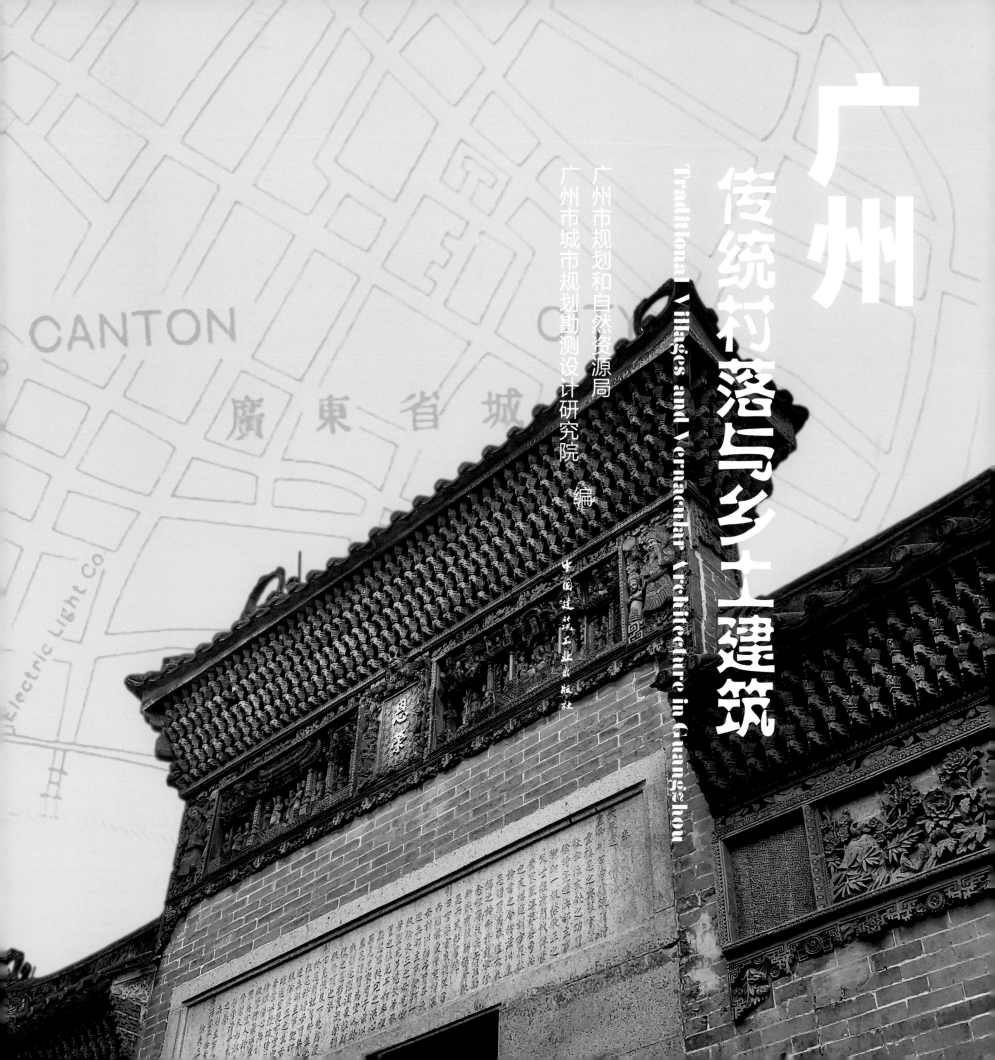

# 广州
## 传统村落与乡土建筑
### Traditional Villages and Vernacular Architecture in Guangzhou

广州市规划和自然资源局
广州市城市规划勘测设计研究院 编

中国建筑工业出版社

图书在版编目（CIP）数据

广州传统村落与乡土建筑 = Traditional Villages
and Vernacular Architecture in Guangzhou / 广州市
规划和自然资源局，广州市城市规划勘测设计研究院编
. —北京：中国建筑工业出版社，2023.5
　　ISBN 978-7-112-28424-5

　　Ⅰ.①广⋯ Ⅱ.①广⋯ ②广⋯ Ⅲ.①村落—建筑艺
术—研究—广州 Ⅳ.①TU-862

中国国家版本馆CIP数据核字（2023）第037069号


责任编辑：孙书妍
版式设计：锋尚设计
责任校对：王烨

**广州传统村落与乡土建筑**
Traditional Villages and Vernacular Architecture in Guangzhou
广州市规划和自然资源局　广州市城市规划勘测设计研究院　编
＊
中国建筑工业出版社出版、发行（北京海淀三里河路9号）
各地新华书店、建筑书店经销
北京锋尚制版有限公司制版
北京富诚彩色印刷有限公司印刷
＊
开本：889毫米×1194毫米　1/12　印张：19⅔　字数：551千字
2023年5月第一版　　2023年5月第一次印刷
定价：**298.00**元
ISBN 978-7-112-28424-5
　（40854）

| | |
|---|---|
| 编撰单位： | 广州市规划和自然资源局、广州市城市规划勘测设计研究院 |
| 编委会主任： | 孙玥、邓毛颖 |
| 编委会常务副主任： | 邓堪强 |
| 编委会副主任： | 黎云 |
| 编委会委员： | 郑怀德、姜彦军 |
| 顾问专家： | 王东 |
| 主编： | 石安海、林兆璋、陈泽泓 |
| 副主编： | 邓兴栋、陈蓉、范跃虹、邓国基、林鸿、胡展鸿 |
| 编撰人员： | 陈伟军、王建军、周展恒、冯雄锋、赖奕堆、詹美旭、李沃东、孙永生、杨涵、易照墨、谭中婧 |
| 支持单位： | 广州市规划和自然资源局番禺区分局、广州市规划和自然资源局南沙区分局、广州市规划和自然资源局海珠区分局、广州市规划和自然资源局荔湾区分局、广州市规划和自然资源局白云区分局、广州市规划和自然资源局天河区分局、广州市规划和自然资源局黄埔区分局、广州市规划和自然资源局增城区分局、广州市规划和自然资源局从化区分局、广州市规划和自然资源局花都区分局、广州市规划和自然资源局越秀区分局 |

# 序言

　　作为屹立于南粤两千多年的国家级历史文化名城——广州，古时有宫苑、陵墓，近代有骑楼、洋楼。现在，这座千年古城跃身成为岭南地区最大的中心城市和1800多万人口的超大城市，珠江新城高楼入云的天际线在国际城市舞台上留下了新时代的珠水倩影。广州现时的建筑学界通常将闪亮登场的现代建筑作为重点研究对象，然而，承载了千百年人居历史的广州传统村落却很少为人所关注，此为莫大的遗憾。

　　岭南传统村落的形制、布局、建筑风格以及建造工艺等都有别于中国其他地区（例如不同于江南水乡的墨色朦胧，岭南水乡则是花树锦簇），有其独特的魅力。

　　当今中国正经历着世界历史上规模最大、速度最快的城镇化进程，还掀起了大规模的"美丽农村""新农村"建设高潮，传统农村的生活、生产方式正发生着亘古未有的剧变。其问题和矛盾自然很多，其中用地扩张与生态保护的矛盾、发展经济与保存历史的矛盾始终伴随。处于改革开放前沿的岭南乡村情况更为突出，比如有着"岭南周庄"美誉的广州海珠区小洲村，在20世纪80年代末曾因具备河网纵横、小桥流水的优雅环境吸引了诸如黎雄才、关山月等一批艺术大师到此居住、创作。然而，随着大量新建民居的出现，不少传统建筑被拆毁，村内到处是工地，环境质量退化，从前迷人的水乡风情一去不返。此类的遗憾和不舍比比皆是。因此，本书专门以广州市传统村落和乡土建筑作为收集和研究对象，整理该方面的宝贵历史资料，冀能唤醒人们对岭南传统村落与乡土建筑的重视和保护，十分难得。

　　中国的发展已进入新阶段，自十八大报告提出"美丽中国"理念以来，中国的城市化进程进入了新的发展阶段。我们对所有历史遗存的保护应更加重视，对传统古村落与乡土建筑的拯救工作迫在眉睫。中央城市工作会议指出："要提高城市发展持续性，必须保护和弘扬中华优秀传统文化，延续城市历史文脉，保护好前人留下的文化遗产。"传统村落和乡土建筑的有序保护，对中华文化、区域文化的历史传承，延续我们自己的文脉，维护人与自然和谐共生，以及满足人民留住"乡愁"的精神需求，都具有不可替代的作用和意义。本书对广州市内的26座古村进行了系统性航拍，以平面图的方式反映了村落现时的布局肌理以及文物资源的分布情况。对其中具有研究价值的历史建筑进行了拍照测绘，并记录了尺寸和保存情况，用作日后研究或修缮的参考依据。

　　若想在现实中留住文脉、留住乡愁，广州的建设就要在规划理念和方法上不断创新，求本溯源，增强规划的科学性和历史沿革性。要加强对城市的风貌整体性、地域特色性、文脉延续性的重视和管控，留住和传承这座城市特有的地域环境本底、文化特色、历史文脉、建筑风格等"基因"。希望本书能为建设美丽广州贡献一份力量，对适应中国城市化新阶段的要求有所启迪。如此，则功德圆满矣！

王东
广州市人民政府副市长

二〇二一年七月

# 目录

序言

**绪论**

**番禺区**

1　沙湾镇 ································· 12
2　大岭村 ································· 30
3　北亭村 ································· 42

**南沙区**

4　黄阁镇 ································· 50

**海珠区**

5　小洲村 ································· 60
6　黄埔村 ································· 66

**荔湾区**

7　聚龙村 ································· 78

**白云区**

8　均和圩 ································· 84
9　蚌湖圩 ································· 90

**天河区**

10　珠村 ································· 96

**黄埔区**

11　长洲镇 ································· 108
12　横沙书香街 ································· 114
13　南湾村 ································· 122
14　莲塘村 ································· 132
15　水西村 ································· 138

**花都区**

16　望头村 ································· 150
17　三华村 ································· 164
18　港头村 ································· 172
19　高溪村 ································· 178

**从化区**

20　钱岗村 ································· 186
21　钟楼村 ································· 196
22　儒林第 ································· 202

**增城区**

23　瓜岭村 ································· 208
24　莲塘村 ································· 216
25　光布围龙屋 ································· 220
26　高埔村 ································· 222

**后记** ································· 230

# 绪论

## 一、广州市传统村落的形成脉络

广州，名列国务院公布的我国第一批历史文化名城，地处中国南陲。自秦始皇平定岭南，立番禺县为南海郡首邑建城，到今日的广州，这座古城历经两千多年的持续发展而中心不易，与其拥有得天独厚的地理环境、善纳八方的文化底蕴是密不可分的。

数说广州传统村落的形成脉络，先要追溯珠三角先民的来由。

位于"五岭"以南的岭南地区，在史前时期地属"百越"。自古为荒蛮僻野、暑热瘴湿之地，故有"南蛮""蛮夷"之称，并非宜居之地。自秦平岭南起，中土因战乱等原因，南下移民不断，与当地土著相融合，并传入了先进的中原文化。直至宋元易代，大批中土之人南迁至粤北南雄珠玑巷一带栖息，转而抵达珠三角地区，加速了这一地区的开发。珠三角地区人口兴旺，都邑繁荣，城镇相望，村落成片，成为岭南最为富饶的地区。

今广州市域范围为东经112°57′~114°3′，北纬22°26′~23°56′，辖11区（越秀、荔湾、海珠、天河、白云、黄埔、番禺、花都、南沙、增城、从化），总面积7437.4平方公里。全市地形自北而南形成北部山地、中部丘陵、南部平原三个地貌单元。珠江贯穿全市，汇入南海，为江海交汇之地。广州地处温带，冬季温暖，夏季炎热，雨量充沛，四季常青。如此优厚的地理条件，使广州成为先人立村首选之地。当地的村落亦因应自然环境，形成坐北朝南、前水后山的常规格局，建筑风格则适应气候条件，以开敞通风、避雨隔热为主。作为岭南通邑都会、面海开放之地，聚居广州的先民不仅延续其原有的传统民俗习惯，因地制宜建设家园，还与海外交往日频，文化的碰撞与兼容日显。正是由于地理环境与风土人情的差异，广州古村落的形成脉络呈现出南北差异的特色，概括来说即为：北部山村，南部水乡；北部封闭，南部开敞；北部简朴，南部华美。

例如，位于山区的从化区钟楼村背靠金钟岭，前有护村河（已填），客家先民为防止匪盗、外族入侵，故筑墙为界，设山门、城楼，村内建筑并排布置，整齐划一，并在村的东北面建起炮楼，形成了布局森严的围村格局。而位于平原的海珠区小洲村，村内河道交错纵横，历史上通常安泰和平，无匪盗之患，故古村民居多数沿河随机布置，朝向不一，没有客家围村的封闭森严，取而代之的是一种清新轻逸的气质。又如增城区光布村围龙屋，由于地处深山，缺

南雄珠玑巷

从化儒林第屏门上渔樵耕读题材的木雕（周展恒　摄）

从化钱岗村广裕祠陆氏家族祖堂（周展恒　摄）

曾经繁盛一时的商埠——白云蚌湖圩（周展恒　摄）

少便捷的贸易通道，因而经济较为贫困，所使用的建筑材料不过是夯实的泥砖而已，更毋庸说华美的装饰；而番禺区沙湾镇自古交通便利，民丰物阜，因而建筑装饰艺术甚为发达，镇内的何氏大宗祠（留耕堂）兼具三雕一塑（砖雕、木雕、石雕、灰塑）的装饰工艺，甚至能够看见波斯风格的柱础石雕，可以想见当年镇内蓄风之盛，是名副其实的艺术之乡。

在经历快速城市化进程的今天，广州市域内尚保留下来为数不多的传统村落，少则有二三百年，多则有七八百年历史。一些地方仅存屈指可数的乡土建筑。这些传统村落与乡土建筑包含着丰富深邃的历史文化信息，是岭南文化的重要载体，是乡土文化的活化石，是鲜活的"岭南文化博物馆"，值得每一位广州市民珍视，并得以从中窥探广州先民立基创业的轨迹，吸取岭南文化生机蓬勃的精华。

## 二、广州传统村落文化的特点

村落文化，是指以自然村落的血缘关系和家庭关系为繁衍基因，产生能够反映村庄群体人文意识的一种社会文化。广州的村落文化包括了中华传统的耕读文化、宗族文化以及岭南特色的商埠文化。

### 1．中华传统的耕读文化

在中国传统农耕文明基础上，受封建社会科举制度的影响，相对富裕的家庭培养子嗣读书，这种半耕半读的生活方式形成了"耕读文化"。"耕种以致富，读书可荣身"，一个成功的"耕读之家"能成为乡里农家的表率。广州的乡村先民有相当一部分由中原迁来，延续了重农、崇德、尚学的传统，传统村落刻意营造中国传统耕读文化的浓厚氛围。

### 2．尊崇祖先的宗族文化

宗族制是中国传统社会以家族为中心、按血缘远近区分嫡庶亲疏的一种等级制度。岭南地区是全国宗族文化保存最完整的区域。广州村庄尊崇祖先的宗族文化，是同宗、同族经过数百年的发展约定俗成的民俗文化，以族规为内容，以族谱为主要表现形式。在村落建筑中，体现在以宗祠为中心，聚族而居、高下有序的建筑布局上。

### 3．岭南特色的商埠文化

重商，是岭南人处理现实生活和实践事物的一个重要方法和角度。它不只与商人相关联，而是渗透于粤人生活方式的各个领域，构成浓重的文化氛围。在这种文化氛围中，人们注重务实，活在当下，讲求感官感受，不反对世俗生活。此外，重商文化不仅渗透于人们的生活中，还深刻地影响着整个社会结构。商埠文化在乡土建筑的广泛题材，特别是融贯中西的风格中得到充分的体现。

## 三、广州传统村落文化的类型

根据宗族源流以及血缘关系分类，广州市的传统村落文化可分为广府文化和客家文化两大类型。由于历史变迁及民系融合，这两种类型并非截然而分，在一些地区有混合的成分，只是较明显地表现出某一类型的倾向性。

### 1. 广府文化

广府文化指分布在以广州为核心、以珠江三角洲为中心范围的粤语系文化。广府文化是既有古代南越遗传，亦受中原汉文化哺育及西洋文化影响，从而融合发展而成的民系文化，是广州地区源流最早、辐射最广、根基最深的文化体系。在建筑、园林、绘画、戏剧、音乐、文学、饮食、宗教等各个领域都有异于他地的文化现象。例如广府地区的大多数民居呈现"三间两廊"布局，即平面为三合院，其上座房屋面阔三间，明间为厅堂，次间为厢房。厅堂正对的天井用于采光和通风，天井下方以围墙封闭，天井两旁为"两廊"。两廊中，右廊多为门廊，开门与街道相通，左廊多为厨房和饭厅。之所以形成这样的格局，从地理上分析，是由于广府村落多处于人多地少的地带，为争取尽可能多的耕地面积，故缩短村落的进深。相比潮汕地区的"下山虎""四点金"等建筑形制，广府地区采用更为节省进深的"三间两廊"。其组合在村落布局上形成了梳式巷道的格局，各宅之间既分隔开又能来往，显示出井然有序的民间社会秩序。而潮汕地区的民居"下山虎""四点金"组合而成的"百鸟朝凤""驷马拖车"建筑群，则形成围寨式的村落，适应潮汕地区历史上兵事纷扰的大环境，不仅居宅主次分明，而且便于守卫。

### 2. 客家文化

在广州北部的增城、从化、花都的山区聚落，是粤东客家人西迁至广州的主要落脚点。从化的吕田镇、温泉镇、良口镇，增城的小楼镇、正果镇和派潭镇，花都的芙蓉镇、梯面镇、狮岭镇、赤坭镇等地存在着为数较多的客家村落。虽然这些客家村落通常延续了传统客家村落的特点，例如设置围墙、炮楼等防御设施，但同时也兼受广府文化的强势影响，在布局或建筑设计上有"广府化"的痕迹。例如三村儒林第，在布局上是典型的客家围屋，但无论是宗祠、角楼，抑或炮楼，都采用了广府建筑特有的镬耳封火山墙。此为广州市客家村落"广府化"的独有文化现象，与粤东、粤北传统客家民居存在差异性。

## 四、传统村落的空间格局类型

广州地处北半球温带，夏季炎热多雨，冬季气候温和。因此，古人在规划古村落或设计民居建筑时，优先考虑的是通风隔热的需求。出于此目的，广州的传统村落多是坐北朝南布局，一

三间两廊民居的代表——花都塱头村积墨楼（周展恒 摄）

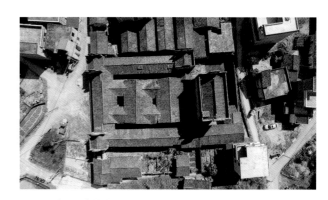

从化三村儒林第航拍（冯雄锋 摄）

花都高溪村高堂路前水塘（周展恒 摄）

花都塱头村航拍（冯雄锋 摄）

增城光布围龙屋航拍（李沃东 摄）

海珠区小洲村航拍（冯雄锋 摄）

为争取最大程度的日照时间，二为收纳东南季候风，由此确保日照充足、空气流通的人居必需条件，起到保持室内干爽明亮、驱赶潮气病菌的作用。除坐北朝南以外，广州传统村落也遵循"前水后山"的规划模式。古村落的前地一般开凿一方半月形的水塘，雅称"月沼"。一为储存定量的消防用水，万一民居发生火灾，可供及时扑救；二为利用水体蓄热系数高的特点，降低户外温度，并能产生习习凉风吹进室内。而"后山"是利用山脉充当天然屏障，阻隔冬季寒冷的北季候风，起到保暖作用。总的来说，"坐北朝南，前水后山"是广州传统村落布局的共同特点。

然而，布局的方式并非一成不变，而会随着实际的地理因素、文化因素发生变化。若要细分广州村落的布局形态，且和地理文化因素产生关系，大致可分为"中部丘陵广府梳式布局""北部山区客家围村布局"和"南部平原水乡自由布局"三种。

## 1. 中部丘陵广府梳式布局

以广州省城郊区、花都南部、从化南部、增城西部为重心的广州中部丘陵地区，是广府文化体系的中心区域。该地区的传统村落布局多为梳式布局。顾名思义，即村落巷道如同梳齿般纵向排列，从高处俯视住房、街道，整齐划一，故名"梳式布局"。这种布局方式在民居朝向基本一致的前提下，以一条平行于民居正面的街道为主街，又名"前地"或"晒谷场"，种植榕树或果树用以防晒。沿垂直于"主街"的方向发射出数条纵向的"支巷"，连接各栋民居的主入口。横巷犹如梳把，纵巷犹如梳齿。建筑就在两支巷的中间顺坡而建，前低后高，兼顾排水。村落前部有广阔的田野和水塘，水塘接纳并储存从各条纵巷排来的雨水。东西和背面则围以山林，村落主要巷道与夏季主导风向平行。

沿村面（前地）多布置祠堂、书室等公共建筑。在首排公共建筑的后面多布置三间两廊式民居，经由支巷，进入位于"两廊"处的主入口。有的古村还会在村头村尾处设置门楼或风水塔。村落集祠堂、书屋、民居、文塔、广场、晒坪、池塘于一体，串之以幽深小巷，形成珠三角典型的农村风貌。

从宗族血缘分析，此布局多为单姓聚落，有维系族人、教化后代、抵御外敌的现实意义。

## 2. 北部山区客家围村布局

在广州北部的增城、从化、花都的山区聚落，是粤东客家人西迁至广州的主要落脚点。从化的吕田镇、良口镇，增城的小楼镇和派潭镇以及花都的梯面镇、狮岭镇、赤坭镇等地存在着为数较多的客家村落，呈现出客家围村的布局。组团式布局的客家围村一般按姓氏宗族，三五成群地布置在坡地或山脚处。围屋的形式有方形、圆形（寨）和前方后圆形（围龙屋），以围龙屋形式最为多见（如增城光布围龙屋）。围屋可单独成一村落，也可多座组合成一村落，其对内向心性和对外封闭性很强，内部组合规整严密。各围内有水井和生活必需的公共设施，甚至有炮楼、角堡等军事防御设施。围村布局散发出一种封闭而独立的性格，体现了客家人既追求安居又不得不提高警惕的无奈情思。

### 3．南部平原水乡自由布局

自由布局是相对于梳式和组团式布局而言的。自由布局的村落大多分布于珠三角水网地带，在广州的番禺、南沙、海珠区，建筑多依水道或山丘的变化沿边布置，虽然整体上显得自由松散，但在局部也采用梳式布局。

水乡格局一般分为线形水乡、块形水乡和网形水乡。自由布局以网形水乡居多。网形水乡的水网呈"T"或"Y"字状分叉，把聚落划分为若干部分，以保证民居得到最长的河道与最便捷的交通出行口，例如海珠小洲村、黄埔南湾村。

线形水乡依河或夹河修建，利用水资源服务于当时的生产经营方式。这种水乡布局沿水陆运输线延伸，河道及道路走向往往成为村镇展开的依据和边界。例如，白云区的均和圩就属于线形水乡。

块形水乡是广州最常见的一种，村落位于河涌一侧，周边为各类基塘，传统村落采用梳式布局，通常临河一侧是水乡的公共活动中心，布置祠堂、书院及各种小型地方神庙，成为公共活动的场所，往往是一条巷道对应一个水埠和一个支祠，各宗族民居以此为中心层层展开，广州增城的瓜岭村等就是这种布局的典型。

并非所有自由布局的古村落就一定是水乡格局。例如从化的钱岗村，虽然是围村，但当中既不是组团式的围屋，也不是规整的梳式布局，而是类似于莲藕状的自由布局。这种非水乡而又是自由布局的村落在广州属于特例。

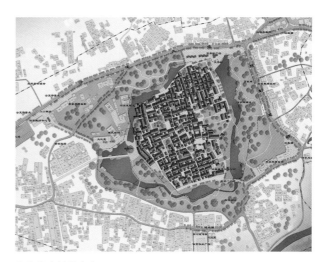

从化钱岗村藕式布局

## 五、传统村落的保护要素

### 1．宗祠

岭南农村社会的重要特征之一，是以宗族血缘关系为纽带修建的村落。村落布局首先强调的是宗祠或神庙的位置。宗祠的核心作用表现在村民价值观建设上，凡祭祖、诉讼、婚庆等族中大事均在宗祠里面举行，宗祠自然而然便成为村民心目中的中心。由此带来空间、规模、气势上的强调以及凝集、积存家族历史文化等作用。

珠三角其他地区规整梳式布局中的祠堂都建在全村最前列，面对半月形水塘。水乡的祠堂稍有不同，大都建在河涌旁，形成古祠临涌之势。

祠堂的布局是对外封闭、对内开敞的中轴对称，蕴涵了珠江三角洲地区自明代以来倡导的伦理和礼制秩序。前有河道、广场、池塘，结合天井组织院落和建筑，整个空间秩序井然有序。

祠堂是水乡居民祭祀活动的中心，因此，祠堂前地（晒谷场）起到聚集人群、疏导人流的作用。前地有如下几类：祠堂建筑群离河岸退缩，构成一片较大面积的前地，形成内陷形广场，例如从化钱岗村广裕祠前地；在祠堂建筑后退有困难或河涌较宽时，广场在河岸一侧出

从化钱岗村广裕祠前地（周展恒 摄）

番禺大岭村显宗祠前地

黄埔横沙书香街罗氏大宗祠前地（李沃东 摄）

镬耳山墙（周展恒 摄）

蚝壳墙（林兆璋工作室 提供）

挑，形成出挑形广场，以便获取良好的局部空间，例如番禺大岭村显宗祠前地；当沿河所建的祠堂前广场位置不够时，就在河对岸形成开阔广场，即对岸形广场，祠堂与两旁的沿河建筑齐平，对岸的广场隔着河涌有良好的视角和视线，容易欣赏到祠堂的活动和河面上的倒影，例如黄埔横沙书香街的罗氏大宗祠前地。

## 2．传统民居

广州村落民居依据地理条件、气候特点，通常符合通风与隔热的要求，还表现出防潮、防晒的特点。而且大量吸取西方建筑精髓，体现了兼容并蓄的风格。这些都是岭南建筑的共同特点。

### （1）三间两廊

广府地区的大中型住宅基本格局为"三间两廊"，大多为砖木结构，青砖石脚，高大的正门用麻石门夹装嵌，砌墙材料有三合土、卵石、蚝壳、青砖等，高规格的建筑还施以水磨青砖的工艺，使建筑外墙的触感滑如丝绢。

"三间两廊"民居建筑，即三开间主座建筑，明间为厅堂，两次间为厢房。主座前的天井用于采光和通风，天井两侧布置两廊，一侧用作厨房或柴房，入口从另一侧进入，围合成三合院住宅。这是该地区最主要的平面形式。以三间两廊为基本形式，在此基础上加跨院或者加进间以满足实际需要，也有少量民居采用排屋等形式。

### （2）围屋

围屋多存在于广州北部，如从化、增城的客家聚落中。常见的平面形状有矩形和半圆形。围屋的平面布局，多为中路祠堂，侧路排屋，前有水塘，后有胎地（天街）。排屋围绕祠堂及胎地形成半圆形的建筑边界，类似盘踞的巨龙，故名"围龙屋"。例如增城光布村围龙屋，中部是该聚落的宗祠，两侧排屋围绕祠堂而布置，并在祠堂后方围合出半圆形的胎地，供晾晒之用。此为典型的围龙屋格局。另有矩形的格局，如从化吕田儒林第，则是在祠堂之后加插了碉楼。总的来说，围屋是客家村落的居住产物，具有较强的封闭和防御性质。

## 3．建筑部位

### （1）镬耳墙

镬耳屋是广府传统民居的代表，因其山墙状似镬耳而得此名。镬耳山墙的主要作用是防火，防止火势波及邻户，故名"镬耳封火山墙"。镬耳墙形似官帽两耳，象征"独占鳌头"之意，又名"鳌头墙"。除了广府民居，客家的民居建筑亦有类似的山墙。镬耳墙的重点保护要素为檐下灰塑及砖雕墀头。

### （2）蚝壳墙

蚝壳墙是岭南传统建筑中比较独特的工艺。沿海人家利用平时饮食后剩余的大量蚝壳作为建材。在建造房屋时，蚝壳拌上黄泥、红糖、蒸熟的糯米，一层层堆砌起来叠墙，不仅具有隔声效果，而且冬暖夏凉，坚固耐用，锋利的蚝壳还能防止盗贼翻墙而入。现存的蚝壳屋多存在于番禺、南沙、海珠水乡之中。

### （3）三雕一塑

"三雕一塑"即砖雕、木雕、石雕以及灰塑，是广府地区传统的建筑装饰技艺。建筑物的不同部位都有惯用的装饰技法。以祠堂为例，一般头门明间喜用石雕琢石柱，配以虾公梁；屋脊喜用灰塑造龙船脊或博古脊；头门檐下墀头惯用砖雕作装饰；室内屏风、槅扇以及窗扇惯用木雕作装饰。这些装饰技法使原本朴实无华的建筑构件变得富有艺术感，其描绘的题材多为吉祥的象征和教化的故事，有抒发美好心愿和教化后人的作用。

石雕（周展恒 摄）

灰塑（周展恒 摄）

砖雕（林兆璋工作室 提供）

木雕（周展恒 摄）

### 4．公共空间

广州传统村落的公共空间往往由几个固定的要素构成。除了祠堂，还包括前地、巷道、风水塘、书塾、庙宇、桥、塔、碉楼等。

### （1）前地（晒谷场）

传统村落的宗祠前都会有前地，成为附属于宗族祭祀功能而存在的空间类型。前地用于宗族活动聚集或疏导人群，也用于晾晒农产品如稻谷、桑麻等，故又名晒谷场。现代人们往往把它看作公共资源，在此聊天、散步、休闲娱乐，或进行宣传活动和体育活动等。也正因为这种"公共"的地位，使得它与宗祠一起成为公共空间中的主体部分。

### （2）巷道

广州传统村落的布局一般为梳式布局，即沿垂直于前地的方向发射出数条纵向的支巷，连接各栋民居的主入口。前地犹如梳把，纵巷犹如梳齿。建筑就在两巷中间顺坡而建，前低后高。有的巷道两侧还设有排水明渠，把收集得到的雨水汇集后排到村面水塘或河道中，典型的例子有从化钟楼村的巷道。

### （3）水体

广州传统村落中，水体多以风水塘和小河涌两种形式出现。具有传统重商意识的广府人常在"水口"（即水环境的入口与出口）处建造高大建筑物以增加镇锁气势。实际上，在有些地方也具有固土，防止水进陆退的功能。对于没有河流经过的村落，人工开挖的水塘最为常见，

从化钟楼村巷道（周展恒 摄）

又名月沼，往往位于宗祠前。从现代的环境科学观点来看，村落中大面积的水面既有利于洗涤、灌溉、养殖、消防，又能够调节村落的小气候。因此，在现代村落形态的快速发展变化过程中，此类水面往往仍能保存下来。

### （4）书塾

中国农村的传统精神文明建设宗旨是渔樵耕读、诗书传家。除了努力劳作，收获丰盛的生活物资外，族群中的长辈还希望后辈能考取功名，光宗耀祖。因此，书塾成为很多古村中必不可少的场所。如广东省著名的"进士村"花都望头村，在380米的村面上共设有书塾6间。而黄埔的横沙大街更是在250米的街道中建有20间私塾，是当之无愧的书香街。

### （5）庙宇

广州地区村落庙宇的尊奉对象以及分布情况各异。珠三角主要是南海神庙（又称洪圣王庙），如小谷围上原有15座南海神祠、洪圣王庙。另外，祭拜妈祖的村落也比较多，小洲村天后宫被当地村民称为娘妈庙，建筑规模较小，但它是广州市为数不多的保存完整的天后宫之一，具有一定的历史研究价值。较常见的还有北帝庙。而增城何仙姑家庙、夏街村石王庙、正果镇证果寺、从化蟠溪村清宁庙、花都振兴村盘古神坛、水口村康公庙等，则反映了有地域特色的民间信仰。

### （6）桥

多数位于河网地区的古村落留存有一些古桥，例如海珠区小洲村的翰墨桥和娘妈桥，番禺大岭村的龙津桥和接龙桥。这些古桥的结构大致分为石拱桥和石梁桥两种，材料优良，结构稳固，虽经历了数百年，当今大部分依然在古村内继续承担着连接两岸交通的职能。

### （7）塔

乡间之塔，基本为清代所建，分为风水塔和文昌塔两种，也有两者兼具的，多位于古村村口或桥头，是古村的标志性建筑。风水塔有指引航船、标明坐标乃至镇水口及镇村辟邪的作用，一般高度较高，层数为5层以上。而文昌塔则是用以供奉文曲星，以祈求村内学子高中功名之用，一般层数较低（3层），状似笔。沙湾水绿山青文阁、大岭大魁阁塔都是文昌塔。

### （8）门楼、炮楼

一般古村的村口都设有门楼，既起到监视、防盗的作用，又作为古村入口的标志。花都、增城的很多古村都设有门楼，如花都港头村的拱日门楼、增城莲塘村的大书房花园门楼。北部山区的客家古村落为抵御土匪、外族的入侵，更是设置了防御性能更高的炮楼，如从化钟楼村炮楼、增城新高埔燕誉炮楼等。

天河珠村北帝庙（周展恒 摄）

海珠小洲村天后宫（冯雄锋 摄）

番禺大岭村大魁阁塔和龙津桥

### （9）古树名木

在广州传统村落中，古树往往能提供一个纳凉歇息的场所，同时也是生机、灵气的象征。古树名木一般位于古村村口或桥头的位置，如塱头村村口的500年古木棉树、小洲村登瀛码头的古榕树。也有古村沿堤种植果树以提升景观品质，如塱头村水塘沿岸行植龙眼树，显得一派生机勃勃。

增城莲塘村莲塘炮楼

从化钟楼村炮楼（周展恒 摄）

海珠小洲村登瀛码头古榕（冯雄锋 摄）

# 番禺区

Panyu District

何氏大宗祠仪门

安宁西街航拍

# 1 沙湾镇
## Shawan Town, Panyu District

### 民丰物阜的番禺重镇

　　沙湾镇位于番禺区市桥河南面、珠江水系沙湾水道的西北部，与顺德一河之隔。北与番禺中心城区相连，距广州中心城区27公里，距佛山城区21公里，距深圳市30公里，距香港、澳门约为118公里，是水陆交通便利、历史文化内涵极为丰富的古镇。

　　沙湾镇已有800多年历史。古时这里是一个海湾，经历代代先民筑堤围垦，到南宋时期，北沙湾演变为陆地，南沙湾仍是浅海。在经历数百年围海造田之后，逐渐形成现今所见到的陆地。由于这陆地是经海水冲积而形成的半月状沙冲地，因而被称为沙湾。明代，沙湾巡检司曾

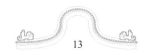

沙湾航拍

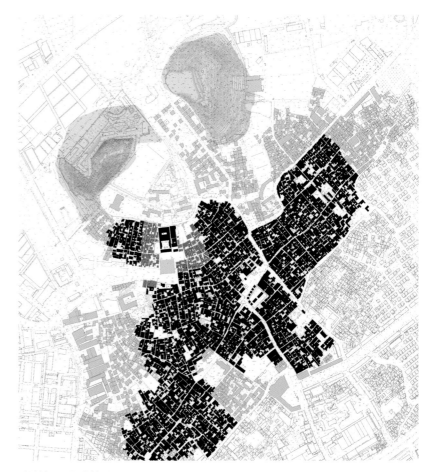

沙湾镇平面图底关系

驻于此。沙湾镇有着深厚的历史文化内涵，1998年被广东省文化厅命名为"民族民间艺术之乡""飘色艺术之乡""广东音乐之乡""沙坑醒狮艺术之乡"；2000年5月，文化部授予沙湾镇"中国民间艺术之乡""广东音乐之乡"称号；2004年12月，沙坑村被中国民间文艺家协会命名为"中国龙狮之乡"；2005年10月，被国家文物局、住房和城乡建设部公布为"中国历史文化名镇"。

沙湾镇历史最为悠久的街道是车陂街和安宁西街，其始建于宋、元之间，自明弘治年间（1488—1505年）开始铺石建街，是岭南少有的有历史文献记载的市街。

安宁西街是一段非常典型的岭南珠三角富裕乡村的市街，全长205米，南北共有古巷14条之多，巷内住户大多是留耕堂何族子孙。以前街内有两家老字号饼家，既有卖缸瓦、云吞、车衣、杂货这样的店铺，也有摆卖姜糖、马蹄糕、钵仔糕、水早由、禾花雀、油煮粽的小车。行人熙攘，求同存异。

车陂街呈东西走向，仅长200多米，街道笔直而宽阔。由西向东有惠岩巷、达义巷、白鸽笼巷、鹤鸣一巷、高瑶巷、升平人瑞巷、文明巷共7条古巷。原是富户聚居的名街，街内建筑

车陂街航拍（林兆璋工作室 提供）

多具清代风格，内部装饰精致。清光绪二十年（1894年），一伙江湖大盗明火执仗地抢劫勒索全街数十户富户，富甲一方的车陂街一夜间被洗劫一空。车陂街的巨富让盗贼如此垂涎，可见当时此地的商业多么繁盛。

# 一、何氏大宗祠（留耕堂）

何氏大宗祠亦称留耕堂，始建于元朝，距今700多年，是番禺区现存年代最久远、布局最严谨、规模最宏大、造工最精巧、保存最完好的祠堂经典之作。位于沙湾镇北村。坐北朝南，占地3334.25平方米。总面阔34.1米，总进深82.08米，建筑面积2033.94平方米，是一座由石、木、牡蛎（蚝壳）构建的古建筑。据族谱记载，留耕堂共有石、木柱112根，石、木柱之多和雕刻之精细，实属罕见。留耕堂是一座富有历史价值和艺术价值的古建筑。1989年6月，被公布为广东省文物保护单位；2019年10月，被公布为全国重点文物保护单位。

何氏大宗祠平面呈长方条形，地势北高南低。自南而北，依次为影壁（已毁）、旗杆夹群（部分迁至大天街前）、大池塘、大天街、头门、小天井、仪门（即牌坊）、大天井及东西庑廊、月台、拜厅、象贤堂、天井及东西廊、留耕堂。全祠自北而南形成一条中轴线，左右两旁互相对称，构成左、中、右三路，前后五进，硬山顶，堂宇宏敞，是布局严谨、气势雄伟、修饰工丽的古建筑。

头门面阔五间25.2米，进深两间9.5米。正脊为灰塑龙船脊。前廊6根八角鸭屎石檐柱，6根圆木内柱。头门前檐的梁枋，木雕十分精致。支承4层如意斗栱的驼峰，在檐口下一列33个，全是奇花异卉、飞禽走兽的高浮雕，当中10多个驼峰更雕出许多历史人物故事，人物体态如生，衣褶自然，须眉毕现，顾盼有情。其下的额枋有高浮雕连枝花纹，花样复杂而变化无穷。檐内的四架梁、六架梁同样是雕饰玲珑浮凸。整座前门的梁、枋、斗栱、驼峰就是一组精湛的木雕艺术品。头门上有"何氏大宗祠"横匾，横匾下有4块刻着篆刻印章样的门簪。前廊次间、梢间设鸭屎石（火山角砾岩）包台，后廊次间亦设包台。原木刻门联由陈献章用茅笔写成（陈献章是明代理学家，人称"白沙先生"，工书法，创茅笔字，号称"茅龙"，沙湾何氏第十一代何宗濂和何宗浩都是他的入室弟子，故留耕堂保存白沙先生的各种书法颇多）。联文为"小宗异，大宗同，钦于世世；前人修，后人续，享之绵绵"。此联现已失落。此门曾毁于元末，明洪武二十年（1363年）重修，清顺治三年（1646年）又被"贯义社"所毁，清康熙四十三年（1704年）重建成现在的规模。

何氏大宗祠航拍（林兆璋工作室 提供）

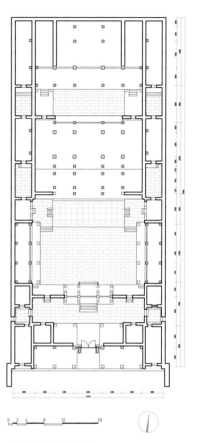

何氏大宗祠前地旗杆夹

何氏大宗祠平面图

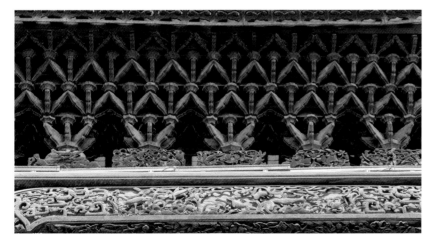

头门四重如意斗栱（周展恒 摄）

头门梁架（周展恒 摄）

何氏大宗祠头门

头门抱鼓石（周展恒　摄）

## 题匾趣谈

相传明朝年间，沙湾何氏族人苦求宗祠牌匾，曾在宗祠门外开坛备墨，招募各路能人为祠堂题匾。何氏乃当地望族，因此没有人敢贸然留下墨宝。

一日，来了一位卖鱼的年轻人。只见他放下担子，穿过围观的人丛，愤然写下一大字"留"，字体苍劲不凡。众人正在诧异，他又奋笔疾书一大字"耕"。铁画银钩，笔走龙蛇，更胜第一字！博得全场喝彩。此时那人竟提起担子，头也不回就走了，桌上的赏金一文不取。此后族人曾多次出重金求最后一字"堂"，但相比前两字，实在相去甚远。

据说这位卖鱼的年轻人实乃明代理学大家陈白沙先生。

"留耕堂"木匾（周展恒　摄）

仪门吻兽（周展恒 摄）

仪门匾额（周展恒 摄）

何氏大宗祠仪门

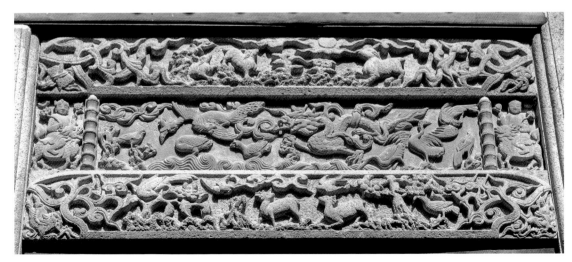

仪门额枋石雕（周展恒 摄）

　　仪门为四柱三间三楼石牌坊，面阔11.05米，进深3.95米，占地43.65平方米。前后各4根方形鸭屎石柱，牌坊筑在六级台阶的底座上。明间额枋较高，上承七攒木构如意斗栱，层层飘出，四面檐牙高挑。额枋采用高浮雕手法，雕饰龙、凤、麒麟等瑞兽。正楼为庑殿顶；次楼前檐为庑殿顶，后檐为歇山顶。正楼屋脊灰塑回龙一条，头东回首西顾，尾西上翘东弯，形制独特。坊正面明间额刻行书"诗书世泽"四字，上款刻"康熙丙申蒲月吉且重修"，下款刻"翰林国史检讨古冈陈献章书"。

象贤堂月台（林兆璋工作室 提供）

　　牌坊左右连以高墙，各开有一券门，进门是祠的大天井。大天井面积约300平方米，异常开阔。左右有廊庑，每个廊庑施12根柱子（外4根方形石柱，内8根圆木柱），面阔三间，进深两间。廊庑内一色素雕花屏门。廊庑后墙为蚝壳墙。距牌坊12.4米处，有高1.13米的月台，俗称钓鱼台，宽16.1米，深5.7米，面积91.77平方米。东西两侧有台阶可登。月台是须弥座，正面座身宽16.1米，高1.13米，由15块宽1米、高0.6米的鸭屎石组成。每块鸭屎石都雕出象征祥瑞的飞禽走兽。正中一块雕的是二龙相戏于云水之中，其他刻上骏马、瑞狮、麒麟、鹿、朱雀、喜鹊、凤凰等珍禽瑞兽，配以松、梅、竹、菊、牡丹等花木，构成古雅中带有浓厚装饰性的图案。刀法古朴，透凸玲珑，每石之间又以凿成竹节形的间石隔开，底部又饰以卷草花纹，形成一个完整的朴实中见华彩的石雕巨座，堪称石雕精品。

象贤堂月台石雕（周展恒 摄）

从月台步上两级是拜厅和象贤堂。拜厅面阔五间25.2米，进深三间，硬山顶。大堂（象贤堂）面阔五间25.2米，进深三间。拜厅及象贤堂共进深18.2米，合计面积约458.64平方米。屋顶由前后两座硬山顶勾连搭。设水槽分流。灰脊两端灰塑鳌鱼。下面由横向4列、纵向7列共28根巨柱支承。其中拜厅有4根石前檐柱，其他为坤甸木柱。

象贤堂内景（何健民 摄）

象贤堂梁底雕花（周展恒 摄）

象贤堂檩下雕花（周展恒 摄）

何氏大宗祠寝殿"留耕堂"（周展恒 摄）

从东西廊登三级石阶是后寝，名留耕堂。面阔五间25.2米，进深四间15.21米，面积383.29平方米。檐下悬宽3.13米，高0.94米，黑边白底黑字的"留耕堂"横匾，上款"康熙丙戌仲冬吉旦重修"，下款"翰林国史检讨古冈陈献章书"。书势飞逸，是用"茅龙"毛笔书写的行书。

何氏大宗祠的各种柱础（周展恒 摄）

玉虚宫（何健民 摄）

## 二、玉虚宫

　　玉虚宫位于沙湾镇北村庐江周道，为留耕堂建筑群之一。始建于明代，清代重修。坐北朝南，总面阔14.2米，深三进41.1米，建筑占地583.62平方米。硬山顶，通花博古灰脊，青砖墙，保留清中叶建筑风格。该祠主要奉祀留耕堂九世何志远及以下祖先。1985年重修后，改奉祀北帝，称玉虚宫，现保存完好。东面隔一青云巷与另一祠堂（时思堂）相通，西有小衬祠，祠外与留耕堂共享青云巷。全祠建筑工艺精湛，里外墙上端均有山水、人物、花鸟壁画，画工精美。

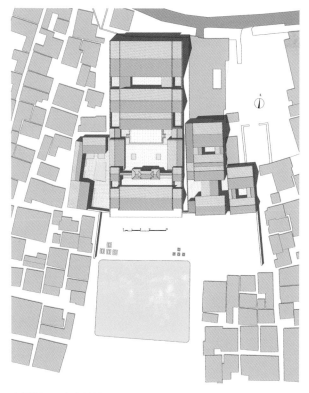

留耕堂和玉虚宫的位置关系

三稔厅头门（周展恒 摄）

## 三、三稔厅

　　三稔厅位于沙湾镇北村安宁西街7号。始建于清嘉庆年间。坐北朝南，总面阔11.4米，总进深13.6米，建筑占地200平方米。全厅分前后两座，中隔天井，是沙湾何氏族中富户何高尧建起的小宗祠。但建成后既未安放牌位，也未命名，乡人只名其为"大厅"。后因中庭的三稔树生长旺盛，果实累累，而以"三稔厅"名之。

　　头门为"回"字形，进深4.7米。

　　后座厅堂面阔12.9米，进深8.9米。两根方身石前檐柱和4根圆木金柱。博古灰塑瓦脊，硬山顶，镬耳封火山墙。花岗岩石墙脚，青砖墙。

　　何高尧的第四子何博众精擅琵琶演奏，开启了何氏一家独有的"十指琵琶"技法。他还广泛收集古曲谱，予以改进和推广，并创作了《雨打芭蕉》等名曲，为广东音乐的创作、演奏和推广发挥了重要的作用。

　　何维彦、何柏心、何柳堂、何少霞、何与年等广东音乐名人，以三稔厅为聚脚地邀集乡内外广东音乐爱好者，演奏及深入研讨广东音乐，从而创作出如《赛龙夺锦》《七星伴月》《白头吟》等大量广东音乐名曲。

何氏三杰（从左至右依次为何柳堂、何少霞、何与年）

三稔厅厅堂（周展恒 摄）

天井内茂盛的三稔树（周展恒 摄）

三稔厅内景（周展恒 摄）

晚清至民国，历时近百年之久，三稔厅日日笙歌，夜夜箫鼓，名流往还，冠盖云集。据说唱片公司"新月社"之尹自重、何大傻、吕文成、钱大叔等粤乐"四大天王"，徐柳仙、张月儿等曲艺名家亦时常到该处交流切磋，西洋音乐家何安东也不时莅临，使三稔厅成为广东音乐界精英荟萃之地、广东音乐的发源地。

现三稔厅保存完好。

花池上的灰塑装饰（周展恒 摄）

水绿山青文阁

## 四、水绿山青文阁

　　水绿山青文阁位于沙湾镇北村安宁西街官巷里后街东端，又名"文昌阁"或"文魁塔"，始建于清康熙六十年（1721年），是留耕堂扩建的"风水"建筑。塔高约12米，六面三层楼阁式。底层边长2.9米，面积约20平方米。塔基以花岗岩条石砌成，分两层，高约6米，沿台阶可登上塔基平台。塔身砖砌，正门北向面对留耕堂，首层和南面墙不开窗，第二、第三层开窗是奉祀神像的座处。首层外嵌"文峰"石刻门额，内奉文昌帝神像；中层外嵌"明心"石刻窗额，内奉关帝神像；顶层外嵌"参天"石刻窗额，内奉魁星神像。三神像为旧时乡中儿童开冬学必来叩拜之神。中华人民共和国成立后，神像被清除。

　　1986年与留耕堂一并重修，现保存完好。

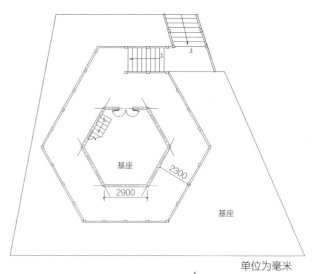

单位为毫米

水绿山青文阁平面图

鳌山古庙群（林兆璋 绘）

## 五、鳌山古庙群

　　鳌山古庙群位于沙湾镇三善村南面村口的原居安里上。坐东朝西，东背山，庙前原是广阔的稻田和大洲海，庙群后面是草木丛生的山岗（古称澳洲岗，俗称三善岗）。深三进，总面阔43.8米，总进深19.3米，庙群建筑占地约2240.3平方米。庙群自北而南横列依次是报恩祠、鳌山古庙、社稷神庙、先师古庙、神农古庙，共5处，是一组别具特色的古庙群。该庙群始建年代不详，从建筑材料和风格看应是清代建筑。建筑严整，外观气派宏丽，当地人统称其为"观音庙"。

鳌山古庙群航拍（李沃东 摄）

报恩祠檐下壁画（周展恒 摄）

鳌山古庙墀头（周展恒 摄）

## 1. 报恩祠

报恩祠是为纪念清初巡抚王来任的专祠。王来任上疏力陈迁海之弊，主张解禁复民，为民请命，百姓为感其恩而建该祠。该祠始建于清康熙年间，后经几次重修。该祠正门石额阴刻"报恩祠"三字，檐下有较精致的壁画，灰脊硬山顶，前后两进，中间一天井，现作储物室用。

## 2. 鳌山古庙

鳌山古庙总面阔12.4米，深两进，总进深18.26米。硬山顶，灰塑瓦脊，封火山墙。青砖墙白石脚，木架结构。上几级石台阶即进庙内。庙门上白石额阴文行书刻"鳌山古庙"，两边阴刻柳体对联："鳌阳永结香灯社，蜃海平环水月台"。

## 3. 社稷神庙

社稷神庙俗称社公，在鳌山庙左侧，总面阔3.52米，总进深13.9米。门顶镶有石额，阴刻"社稷"二字，门口现已封实，门内为天井，明间后设有神台。

## 4. 先师古庙

先师古庙俗称鲁班庙。正面无门，只开方形大窗一扇，前进是厅，中间是卷棚顶廊，有门通社道出入。后进是正殿，硬山顶结构。门顶石额阴刻"先师古庙"四字。殿内原来供奉鲁班等许多手握规、矩、斧、尺的塑像，各塑像现已拆除。因三善村多数住户曾从事建筑行业，故建鲁班庙。该庙曾作为乡政府办公室，现已迁出。

## 5. 神农古庙

神农古庙在先师古庙左侧，相隔一条防火巷。门前是一面积约19平方米的拜亭，由4根方形白石柱支承着雕花木梁，石柱高约7米。庙接拜亭檐口，为青砖、白石、灰脊的封火山墙，硬山顶。头门石额刻"神农古庙"，墙上端绘有花鸟、山水、人物画数幅，十分精妙。中央最长一幅用篆书题款"春夜宴桃李园"，绘出大小10个人物，是按李白《春夜宴桃李园序》文意绘作的。

鳌山古庙群侧面（周展恒 摄）

神农古庙拜亭梁架（周展恒 摄）

神农古庙拜亭（周展恒 摄）

鳌山古庙群山墙（周展恒 摄）

鳌山古庙内庭（周展恒 摄）

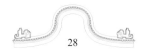

"笃生名宦"牌坊正面（周展恒 摄）

"笃生名宦"牌坊石雕，由铸铁角花镶嵌牢固（周展恒 摄）

"笃生名宦"牌坊背面（周展恒 摄）

"笃生名宦"牌坊肩楼梁架（周展恒 摄）

"笃生名宦"牌坊阶前瑞兽
（周展恒 摄）

"笃生名宦"牌坊（林兆璋 绘）

# 六、"笃生名宦"牌坊

　　"笃生名宦"牌坊为沙湾镇西村王氏大宗祠的仪门。八柱三间三楼歇山顶，木、石建筑，呈"山"字形，建于宽8.5米、深3.8米的花岗岩石台上。前4柱为方形，由4个带座石鼓撑持，后4柱为圆形，与前4柱共构木梁架支承两肩楼。东、西门上、下横梁间各有两方浮雕卷草花纹的长方形石块，由铸铁角花镶嵌牢固。横梁顶上各有木雕驼峰（栌斗）两座，承托四重如意斗栱，呈放射形承托肩楼瓦顶。中门前有四级台阶，后有三级台阶。正门上嵌石匾，阳刻"笃生名宦"楷书。匾上石横梁有木雕驼峰4座，承托四重如意斗栱，层层飘出，与中间方身石柱共同承托正楼瓦顶。楼脊、檐牙高挑，一楼脊起首处均有精细灰塑鳌头，作张口喷水状，而楼脊、檐牙之间夹角，分别有精细灰塑小鳌鱼作装饰。牌坊东、西连以高墙，各开一拱券门，门上嵌有阳文楷字花岗岩石额，东额为"柏府"，西额为"薇垣"。墙上盖瓦顶，有灰塑细花博古脊。

本章参考文献：
①陈建华. 广州市文物普查汇编　番禺区卷［M］. 广州：广州出版社，2008.
②曹利祥. 广东古村落［M］. 广州：华南理工大学出版社，2010.
③竺培愚. 渐行渐远古村落：岭南篇［M］. 北京：经济科学出版社，2013.

大魁阁塔和龙津桥

# 2 大岭村
## Daling Village, Panyu District

## 菩山作镇，环水大岭

　　大岭村位于石楼镇西北面、莲花山西南面，因位于番禺菩山脚，古称菩山村。村落坐东北朝西南，占地面积3平方公里。大岭村地理条件优越，水路可经玉带河直通珠江口、港澳地区；陆路西距番禺中心城区市桥约15公里，可直达广州、深圳、珠海。自然环境优美，北面紧靠菩山，东、西、南三面由玉带河环绕村庄。菩山一年四季树木常青，玉带河两岸水源充足，土地肥沃，适宜耕种，柳树成荫，果树丛生，蕉林成片，是珠江三角洲典型的鱼米之乡。

　　大岭村历史悠久，早在北宋初期，这里已成村落，至明嘉靖年间更名为大岭村。

　　改革开放以来，大岭村民居不断被拆建为现代化楼房，现保留古代建筑的民居为数不多，但整体村落结构和主体建筑未变，有6条街道和45条巷里，基本上保留长条麻石路面。每逢端午节，大岭村举行龙船竞赛活动，古朴的民风、民俗仍然存在。民居多为独家的小型住宅"明"字形屋和三间两廊建筑。纵横排列的街巷组成庞大整齐的村落。每个地段往往以一个主姓聚居，并且以此主姓建成一批结构基本相同的祠堂。如有480多年历史的显宗祠，内有精美的木雕、砖雕、石雕和灰雕等艺术品。此外，还有大魁阁塔、龙津桥、玉石桥、贞寿之门、姑婆庙、菩山第一泉、永思堂、柳源堂、革命烈士亭等具有岭南特色的古塔、古桥、古牌坊、古庙宇、古井、名山、古亭等古建筑。

大岭村曾经有陈、许、马、曾、郑、何、刘、洪等姓居住。历经变迁，现在大岭主要有陈姓、许姓和龙漖庄氏。目前，全村总人口2351人。有5个自然村：中约、西约、上村、龙漖、社围。另有华侨、港澳台乡亲1215人。

大岭村于2007年被公布为中国历史文化名镇，2012年入选中国传统村落名录。

大岭村文物资源分布图

大岭村平面布局

# 大岭村龙舟

石楼镇龙舟文化悠久。据清屈大均在《广东新语》中的记载，自明崇祯十年（1637年）以来，每逢农历五月，石楼锣鼓喧天，游龙竞渡。至今依旧有歌谣唱叙当年盛况："龙船打龙鼓，咚咚响，响咚咚，江边看龙舟，口中食住（吃着）粽……"

大岭村有两条传奇龙舟——"白桡"和"黑桡"。

"白桡"又名"白须公"，船如其名，通体白色，颇有道风，速奇疾。每次出赛，都为大岭赢得不少荣誉。故有歌谣："大岭白须公，锣鼓会飞冲"。

"黑桡"原本是岑村的龙船。每逢端午节，龙船都会相互到邻村进行拜访（当地人称为"趁景"）。但有一年不见岑村的龙船，原来该村的龙船近年来频频漏水、沉船。村民不解之际，当地有一老者说"岑"同"沉"，故龙眠；"菩"（大岭又称菩山）同"浮"，故龙起。于是，岑村村民将该船赠送给大岭村，睡龙果然再起！由于该船通体纯黑，故村民命名其为"黑桡"。

大岭龙舟

两塘公祠和菩提树（周展恒 摄）

墀头砖雕（周展恒 摄）

# 一、两塘公祠

两塘公祠位于大岭村中约，始建于明代永乐年间（1403—1424年），清光绪年间（1875—1908年）重修，是大岭村陈氏八世祖祠，先祖名陈两塘。坐东北朝西南。总面阔15.9米，深三进28.94米，建筑占地1686平方米。灰塑龙船脊，硬山顶。花岗岩石脚，头门用青砖，其他外墙用蚝壳砌筑，起保暖隔热、隔声、防盗之效果。主体建筑两侧带青云巷。祠前有一株百余年的菩提树，长势郁葱茂盛。抗日战争时期，广州市区抗日游击第二支队以该祠堂为据点开展革命活动。该祠堂现保存完好。

头门面阔三间15.9米，深两进8.47米，共九架。前廊次间设虾公梁、石柁墩、异形斗栱，花岗岩石包台。灰塑龙船脊，硬山顶。石门夹上额阴刻"两塘公祠"。左前方为百年菩提树。

中堂面阔三间15.8米，进深三间9.57米，共十一架。两侧分别有走廊，廊宽3.8米。

后堂面阔三间15.9米，进深三间10.9米，共十三架。明间后设一神龛。

两塘公祠最大的特征在于外墙全部用硕大的蚝壳混杂泥沙砌筑而成，是番禺境内著名的蚝壳祠堂。

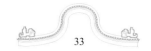

驼峰异形斗栱（周展恒 摄）

## 蚝壳墙

《贤博编》曰："广人以蚬壳砌墙，高者丈二三，目巧不用绳子，其头外向，鳞鳞可爱。"岭南人用蚝壳建造房屋的起源已无可考，但该工艺对岭南人居的影响可谓深远。

在建造房屋时，使生蚝壳两两并排，再用以黄泥、红糖、熟糯米搅拌而成的基质进行密封。由于蚝壳之间夹杂着空气，因此墙体不仅具有隔声效果，而且冬暖夏凉，十分适合岭南的气候。墙体砌筑讲究横平竖直，一方面为求整齐美观，另一方面使受力更加均匀。经过风化作用后的蚝壳能变得如化石一样坚硬，墙体因此更加坚固耐用，锋利的蚝壳也能起到防盗的作用。

屹立百年的蚝壳墙，是岭南人智慧的最佳见证。

两塘公祠蚝壳墙（周展恒 摄）

显宗祠外景

显宗祠航拍（冯雄锋 摄）

## 二、显宗祠（陈氏宗祠）

显宗祠又名凝德堂，俗称桥头祠。位于大岭村西约龙津桥东埗路北，前临玉带河。该祠是大岭村陈氏第九世祖皋夫祠，由第十世祖建于明代嘉靖年间（1522—1566年）。坐东朝西。总面阔23.7米，深三进43.18米，建筑占地1632平方米。头门为歇山顶，中堂、后堂为灰塑龙船脊，硬山顶，碌灰筒瓦，青砖墙，花岗岩石脚。主体建筑两侧带青云巷。

头门面阔三间17米，进深两间12.14米，共十三架。前廊筑在高0.45米的花岗岩石包台上。前、后廊各有4根花岗岩石檐柱。前檐有4层如意斗栱。头门嵌花岗岩石门夹。门额木匾阳文刻"显宗祠"，上款"乾隆岁次辛酉仲春穀旦重修"，下款"闽中门下晚生王命璇拜题"。两边对联为："蕚开玉叶，兰发珠华"。当时，能在石鼓墩上雕花为富贵之征。显忠祠门口的两石墩，左右正面各雕有头戴帽、垂卷发、散花领、紧身衣、束马裤、高皮靴、佩长剑、一身外国装束的西洋人形象。这类西洋人形象在龙津桥的栏杆上也可找到，可见当时蕃风在大岭之盛。

头门（周展恒 摄）

显宗祠门墩上的番鬼图案（周展恒 摄）

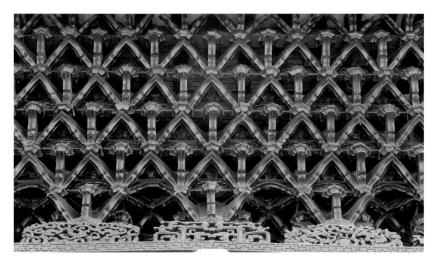

头门莲花斗栱（周展恒 摄）

头门梁底雕花（周展恒 摄）

头门梁架（周展恒 摄）

首进天井（周展恒 摄）

首进天井（周展恒 摄）

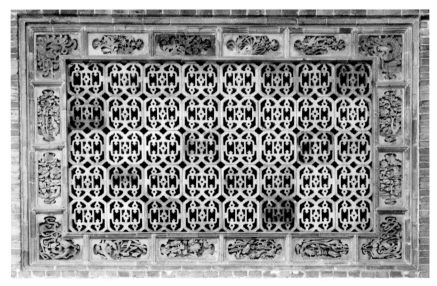

中堂漏窗砖雕（周展恒 摄）

显宗祠凝德堂（周展恒 摄）

　　中堂面阔三间17米，进深五间15.34米，共十五架。两根花岗岩石前檐柱，6根圆木金柱。两侧墙上端绘有壁画。后堂前天井石柱对联为："举目不忘宗祖德，回头还望子孙贤"。

　　后堂面阔三间17米，进深四间15.7米，共十五架。明间正中设一拜桌，后置神龛奉祀祖先。

　　东西两侧青云巷分别面阔6.7米，进深17米。现保存完好。

凝德堂脊檩（周展恒 摄）

显宗祠（林兆璋 绘）

显宗祠影壁（周展恒 摄）

影壁仰莲叠涩出檐（周展恒 摄）

永思堂航拍（冯雄锋 摄）

## 三、永思堂

永思堂俗称花园，位于大岭村西约，始建年代不详。宅主陈仲良于清嘉庆十三年（1808年）考取举人，此堂应建于他成名后。另"爱莲轩"木匾刻有"道光二十七年辟斯轩"，故建筑时间应在道光二十七年（1847年）前。该堂是柳源堂第二十三世孙陈仲良（字希亮，号罗山）家居园宅。坐北向南。宅屋总面阔30米，深三进40米，建筑占地面积3000平方米，全堂建筑面积935.38平方米，其中花园面积2000平方米，鱼塘面积418平方米。硬山顶。

首进（周展恒 摄）

首进天井通往花园的月门
（周展恒 摄）

第二进天井（周展恒 摄）

云母窗细部（周展恒 摄）

第二进天井（周展恒 摄）

永思堂内有爱莲轩、鱼池、住屋小桥等。有头门、中堂、后堂和两厢。据说当年园中有很多名贵花木，现已不存。

"文魁"匾系清光绪十七年（1891年）举人陈维湘所立。永思堂当年藏书之丰一度成为岭南佳话。永思堂原有风格基本保留。堂主的后人现在此居住。

永思堂花园（周展恒 摄）

爱莲轩（周展恒 摄）

大魁阁塔（周展恒 摄）

大魁阁塔各层石匾额（冯雄铎 摄）

## 四、大魁阁塔

　　大魁阁塔位于大岭村西约。建于清光绪十年（1884年），二月初六动工，同年七月二十六日落成，共费1700余两白银。3层楼阁式砖塔，腔内折上式，六角攒尖顶。塔高20.6米，3层，建筑面积73.2平方米。平面呈六角形，底层内边长为2.9米，外边长为4.2米。

　　该塔为双隅水磨青砖墙，塔基为花岗石砌筑。底层门上镶石额刻"作镇菩山"，为顺德人探花李文田所提，落款"光绪十年三月李文田书"。第二层正面竖长方形石框，上镶石额刻"司命司忠"，为番禺人榜眼许其光所题，落款"许其光"。塔的第三层开有六角形、长方形、葫芦形石框窗，石额刻"日月齐光"，为顺德人状元梁耀枢所题，落款"梁耀枢书"。一塔同时具有状元、榜眼、探花的题字，这在岭南建筑史上极为罕见，可见大岭村当时的社会地位。

　　2008年，被公布为广州市文物保护单位。现保存完好。

# 五、龙津桥

龙津桥（周展恒 摄）

龙津桥位于大岭村西约，建于清康熙年间（1662—1723年）。该桥全部用红砂岩石建造，为双拱拱桥，横跨在大岭玉带河上。长28米，宽3.2米。东西有引桥。东侧引桥又分出一右向南引桥，长2.9米。桥墩有分水尖、凤凰台，可分减水流冲力。

# 六、接龙桥

接龙桥（周展恒 摄）

接龙桥俗称白石桥，位于大岭村西约，建于清同治年间（1862—1875年）。

接龙桥横跨大岭玉带河，为单拱桥。长20米，宽2.9米，跨度为6.3米。全部用白石建造，整体结构完整。

本章参考文献：
①陈建华. 广州市文物普查汇编　番禺区卷［M］. 广州：广州出版社，2008.
②曹利祥. 广东古村落［M］. 广州：华南理工大学出版社，2010.
③竺培愚. 渐行渐远古村落：岭南篇［M］. 北京：经济科学出版社，2013.

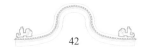

# 3 北亭村
## Beiting Village, Panyu District

渭水桥和门楼（周展恒 摄）

## 一、东林梁公祠

　　东林梁公祠位于小谷围街北亭村北亭大街69号。始建于清咸丰二年（1852年）。坐东南向西北。面阔三间12.7米，深两进22.6米，建筑面积287.02平方米。硬山顶，镬耳封火山墙，灰塑龙船脊，碌灰筒瓦。青砖石脚墙。

　　头门面阔三间12.7米，进深两间7米，共十架。前后廊各有八角形花岗岩石檐柱。前廊次间有石包台，虾公梁上有石雕蝙蝠和异形石斗。花岗岩石门夹，石额阳刻"东林梁公祠"。门前三级石阶。

### 昌华旧梦

　　"下番禺诸村，皆在海岛中，大村曰大箍围，小曰小箍围，言四环皆江水也。凡地在水中央曰洲，故周村多以洲名。洲上有山，烟雨中乍断乍连，与潮下上。"

　　　　　　　　　　——屈大均《广东新语》

　　"小谷围"这一称谓是从屈大均上文中提到的"小箍围"演变而来的。南北朝时期，岛上建有规模宏大的资福寺和青泉禅院。到五代十国时期，南汉王朝将小谷围岛辟作御花园，取名"昌华南苑"，并在北亭村北的大江山上建昌华宫，后来构成了闻名遐迩的"昌华八景"，使小谷围岛进入历史上的繁华时期。

　　因地处珠江江心，交通不便，中国传统的农耕文明被奇迹般地保存下来。旧时北亭有八景，包括海曲夜渡、马步归帆、孖墩蒲鱼、水云晨钟、亭梅冷雨、东山旭日、荔湾浴日、渭桥烟雨。在建设大学城的推土机浩浩荡荡地登陆小岛之前，这里地腴物阜，风景旖旎，被广州的美术家们称为"广州最后一片净土"。而今，八景涉及的马步通津、红岩小丘、水云寺、方亭、东山庙等景物均已不复存在，只有明代石桥渭水桥仍静静地卧在村南的渭水河上。

东林梁公祠（周展恒 摄）

元始梁公祠头门（周展恒 摄）

元始梁公祠航拍（冯雄锋 摄）

## 二、元始梁公祠

元始梁公祠位于小谷围北亭村北亭大街85号，始建于清雍正十年（1732年）。坐东南向西北。面阔三间14.17米，深两进29.4米，建筑面积416.6平方米。

头门面阔三间，进深两间。"文化大革命"期间，头门石额被混凝土覆盖，已看不到原有的字，上面画毛泽东主席军装头像和"大海红日"等。正脊上左边的博古纹已经损毁。大门新书对联"春风杨柳万千条，六亿神州尽舜尧"。头门内两侧墙壁分别画反帝反封建的宣传画。头门左右有青云巷和衬祠，青云巷石额已用混凝土砂浆覆盖。天井两侧的廊已拆除。屋顶庭院为今入住者所加建。

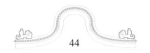

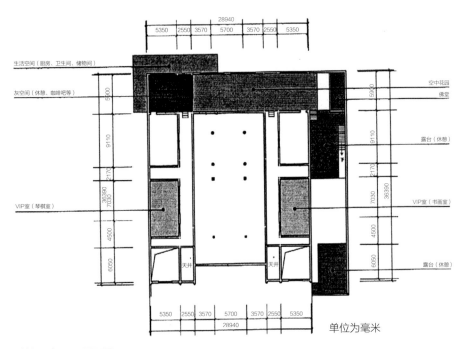

元始梁公祠二层平面图

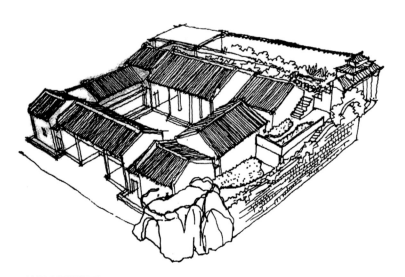

元始梁公祠轴侧图

内庭（冯雄锋 摄）

走廊天面（冯雄锋 摄）

屋顶庭院（冯雄锋 摄）

　　后堂面阔三间，进深三间，共十七架。两根石前檐柱，4根圆木金柱。两侧墙壁及后壁均留有"文化大革命"期间的宣传画，后壁有毛主席军装照和毛主席语录，右墙上有6幅"毛主席在各个革命时期"的版画画像，左墙上有"毛主席和各族人民在一起"的大幅白描画像。据了解，画者是当年回乡知青梁肇铭，后来在佛山陶瓷厂工作。

元始梁公祠内景

梁氏宗祠（周展恒 摄）

# 三、梁氏宗祠

　　梁氏宗祠位于小谷围街北亭村北亭大街87号，始建于清道光三年（1823年）。坐东朝西。原祠广三路，深三进。现仅存第一进建筑，包括头门与两侧青云巷和左右路建筑。总面阔41米。

　　头门面阔三间16.4米，进深两间8.75米，共十五架。悬山顶，龙船脊，碌灰筒瓦。前后各有两根花岗岩石檐柱。两廊次间有石包台、虾公梁，梁上有雕兽柁墩，墩上设斗栱托桁。花岗岩石门夹，石额阳刻"梁氏宗祠"。大门两侧有抱鼓石。头门前有石阶，两侧有石狮。

　　左右路建筑各面阔10.8米。均为人字山墙，碌灰筒瓦，青砖石脚墙。左右路建筑与中路建筑以1.5米宽的青云巷相隔，右巷石额"珠联"，左巷石额"合璧"。

　　第二、三进被改建为幼儿园。

　　2005年9月，被公布为广州市登记保护文物单位。

头门抱鼓石（周展恒 摄）

头门梁架（周展恒 摄）

崔氏宗祠（周展恒 摄）

崔氏宗祠旗杆夹（周展恒 摄）

## 四、崔氏宗祠

崔氏宗祠位于小谷围街北亭村渭水大街14号，始建于清咸丰十年（1860年）。坐西向东。广三路，深三进，总面阔39米，总进深52.8米，建筑面积2059.2平方米。中路建筑和左右路建筑均为灰塑博古脊，人字封火山墙，碌灰筒瓦。青砖墙，花岗岩石脚。头门前有石地坪，面积约280平方米。地坪上有旗杆夹石一对，上刻"光绪六年庚辰科会试中试二百二十四进士殿试三甲第三十名朝考二等第九十名钦点内阁中书崔其濂立"。

本章参考文献：
①陈建华. 广州市文物普查汇编　番禺区卷［M］. 广州：广州出版社，2008.
②竺培愚. 渐行渐远古村落：岭南篇［M］. 北京：经济科学出版社，2013.

# 南沙区

Nansha District

黄阁镇街景（周展恒 摄）

# 4 黄阁镇
## Huang'ge Town, Nansha District

黄阁风光（周展恒 摄）

　　黄阁旧名凤凰阁，宋代简称凰阁。南宋咸淳九年（1273年），原居广东南雄珠玑巷的麦氏兄弟5人（长必荣、次必秀、三必达、四必端、五必雄）同携家眷上下200余人南迁到此暂居，改凰阁为黄阁。后因考虑日后子孙发展，必荣移居东莞，必秀移居南海，必端移居广州芳村，必雄移居新会台山。余必达一支脉继续在黄阁开村立基，繁衍生息。

　　黄阁早在宋代是番禺冲积三角洲的海上诸岛，后在元朝以后的数百年间逐渐连成一片陆地。据《小榄麦氏族谱》记载的"必达祖至黄阁，捐钱十万，立石基以防水患"，推测黄阁"石基"可能是番禺南部最早的围垦和石堤工程。其后的明清两朝，黄阁的围垦屯田进一步扩大。

　　黄阁镇文化底蕴深厚，保留了一批颇具代表性的古近代历史建筑。位于莲溪村的麦氏大宗祠，其建筑用料和装饰工艺堪称一流，是南沙祠堂建筑中的佼佼者；东里村是历史悠久的商业旺地，民国时期，在村内延绵一里多的东里大街商铺林立，其中有部分保存至今。

　　黄阁除了过中国传统节日外，还有其独具特色的地方。"黄阁麒麟舞"是黄阁镇古老的民间艺术，盛行已有100多年，故黄阁镇也有"麒麟之乡"之称。

麦氏大宗祠（周展恒 摄）

# 一、麦氏大宗祠

　　麦氏大宗祠位于黄阁镇莲溪村宿国新街，是黄阁麦氏家族奉祀开村先祖麦必达的大宗祠。祠始建于宋代，明清两代曾九度重修，于清光绪二十三年（1897年）重建，基本保持原貌。坐南朝北。面阔三间13.4米，深三进44.2米，建筑占地1692.28平方米，建筑面积592.28平方米。硬山顶，灰塑博古脊，镬耳封火山墙，碌灰筒瓦，蓝色琉璃瓦剪边。青砖墙，花岗岩石脚。

　　头门面阔三间13.4米，进深两间8.32米，共十三架。前后廊各有4根方形花岗岩石檐柱，石柱四角雕有竹节纹。两廊次间有花岗岩石包台、虾公梁、石蝙蝠和异形斗栱。大门嵌花岗岩石门夹，石额阳刻楷书"麦氏大宗祠"。门前有石鼓、石狮子各一对。柁墩、雀替雕戏曲人物造型，青石挑头雷公电母，造型生动，工艺精美。头门前设两级石阶。

　　中堂面阔三间13.4米，进深三间12.1米，共十七架，前设四架轩廊。后两金柱间屏门已毁，堂上悬挂"大本堂"木刻匾额。中堂前有天井带两廊，六架卷棚顶。天井进深8.1米，花岗岩条石铺地。

　　后堂面阔三间13.4米，进深三间10米，共十五架，前设四架轩廊。前两金柱间的屏门已毁。堂上设有石砌神龛，上安放12块祖先牌位。后堂前设三级石阶，两侧卷棚廊夹天井。天井进深5.7米，花岗岩条石铺地。

　　2005年9月，被公布为广州市登记保护文物单位。

麦氏大宗祠航拍（冯雄锋 摄）

石额（周展恒 摄）

头门梁架（周展恒 摄）

柁墩（周展恒 摄）

头门檐柱柱础（周展恒 摄）

左侧石狮（周展恒 摄）

右侧石狮（周展恒 摄）

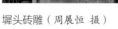

墀头砖雕（周展恒 摄）

瑞辉麦公祠（周展恒 摄）

虾公梁上石狮（周展恒 摄）

# 二、瑞辉麦公祠

　　瑞辉麦公祠位于黄阁镇莲溪村宿国新街，是奉祀黄阁麦氏第七代传人光祖公的祠堂。始建于清同治六年（1867年），1999年重修。坐南朝北。原祠深三进，现为面阔三间12.2米，深两进24.2米，建筑占地309.76平方米。头门灰塑博古脊，中堂灰塑龙船脊，人字封火山墙，碌灰筒瓦。青砖墙，花岗岩石脚。

　　头门面阔三间12.8米，进深两间8米，共十一架。前后廊共有4根花岗岩石檐柱。前廊次间有花岗岩石包台、虾公梁、石狮子及异形石斗栱。梁架柁墩雕戏曲人物图案。青石挑头人物造型生动逼真，墀头砖雕戏曲人物。墙上端绘有"八仙贺寿"等壁画。大门嵌花岗岩石门夹，石额阳刻"瑞辉麦公祠"，头门前有一对石狮子。门内左面墙嵌有清同治六年《新建瑞辉麦公祠签助工金碑记》石碑。

头门梁架（周展恒 摄）

　　中堂面阔三间12.8米，进深三间10.5米，共十五架。后两金柱间屏门已毁，堂上悬挂阳刻"光裕堂"木横匾。中堂前有天井带两廊，六架卷棚顶。天井以花岗岩条石铺地。

　　原后堂面阔三间12.8米，进深三间5米，共七架。1958年拆毁，后改建成民居。

　　瑞辉麦公祠现为南沙黄阁麒麟文化展示馆。

石狮（周展恒 摄）

海头炮楼、麦氏大宗祠、瑞辉麦公祠三者的位置关系（冯雄锋 摄）

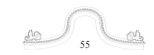

海头炮楼（周展恒 摄）

## 三、海头炮楼

海头炮楼位于黄阁镇莲溪村凤凰山脚下，建于民国8年（1919年）春。莲溪村原有10座炮楼，现仅存两座，其余的已拆毁。

炮楼平面呈正方形，边长6米，占地36平方米。楼高3.5层共15米。青砖墙，花岗岩石脚，正面石脚高达4米。炮楼上设有枪眼、炮眼、瞭望台等。炮楼顶飘出的女儿墙下方有"廖春造"3个黑字。整座建筑坚固、美观。原炮楼下四周建有0.8米厚的土围墙，现已拆毁。

女儿墙下写有"廖春造"三个黑字（冯雄锋 摄）

海头炮楼航拍（冯雄锋 摄）

天后古庙（周展恒　摄）

天后古庙航拍（冯雄锋　摄）

广升楼（周展恒　摄）

## 四、天后古庙

天后古庙位于南沙街塘坑村塘坑中街123号。始建于明代，清嘉庆三年（1798年）重建。2002年重修，原貌已有改变。坐西北朝东南。面阔三间11.6米，深两进16.8米，建筑占地194.88平方米。瓦脊已拆平，人字封火山墙，绿色琉璃瓦当滴水剪边。青砖墙，花岗岩石脚。

头门面阔三间11.6米，进深6.8米。凹斗门，石门额阳刻"天后古庙"。头门后天井宽4.6米，深3米，上盖为两坡顶瓦面。

后殿面阔三间11.6米，进深两间7米，共九架。正中安放"天后宫"神位。

## 五、广升楼

广升楼位于黄阁镇东里村东里大街尾。始建于民国24年（1935年），民国28年（1939年）落成。坐北朝南。面阔4.55米，进深11.2米，砖、混凝土结构3层楼房。正面水泥批荡，设铁闸门、钢窗，窗门为磨砂玻璃。二层有悬挑阳台，设铁栏杆。二层、三层地面铺印花阶砖。原楼上为住家，首层曾经营布匹、杂货、客店等。此楼建在当时的河涌淤泥地带，基础为人工击压木桩，三层高楼到现在也没有沉降变位。

广升楼原主人麦灼芬（1904—1959年），青年时代在广州华光火柴厂打工，为广州市火柴厂工会副主席，曾与同乡麦润秋、麦润宁（20世纪60年代广州巧名火柴厂退休工人）参加省港大罢工和广州起义。后在广州经营谷市、文具店，筹建黄阁中心国民学校，为该校董事长。1949年赴港，1959年病逝于香港。

中华人民共和国成立后，广升楼交由政府使用，曾做过广播站、供销社、居委会和医疗所。整座楼保存基本完好。

东里大街航拍（冯雄锋 摄）

## 东里大街商铺群

东里大街商铺群位于黄阁镇东里村东里大街。商铺群大多属民国时期建筑，街长原有一里多，商铺一间接一间，是民国时期东里村的商业旺地。每间商铺窗头都安有门口土地神位，背朝着水路的方向以"纳财"。其中广升楼是当年黄阁镇的代表性建筑。追溯商铺群的渊源，不能不提到麦辅党其人，辅党公为清中叶东里村首富，素有"辅党银"之美誉，在当地开当铺，拥有田产几十，有花园、私家水井、银库房等，东里大街的商铺有相当部分是辅党公所开设。现商铺群大多已改建，失去了原有形貌。

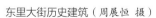

东里大街历史建筑（周展恒 摄）

本章参考文献：
①陈建华. 广州市文物普查汇编　南沙区卷［M］. 广州：广州出版社，2008.

# 海珠区

Haizhu District

# 5 小洲村
## Xiaozhou Village, Haizhu District

小洲村风光（冯雄锋 摄）

## 果香锣鼓翰墨，小桥流水人家

　　小洲村位于海珠区东南部，面积4.17平方公里，南临珠江后航道，西与沥滘村为邻，东为官洲岛，北与土华村以河为界。四面环水，故称小洲，古称瀛洲。这里的原住民是终年漂泊在水上的疍民，直至元末明初，村里有邱、黄、梁、饶、林、钟六姓。明成化年间，河南新村的简东源受聘到小洲村任教，其七子留在此地繁衍后代。今简氏人口六千，占小洲人口的95%以上。

　　小洲村历史悠久，有文物价值的古建筑包括古村墙、庙宇、祠堂、书院、门楼、民宅、古桥梁、码头等，以中心公园（简氏宗祠）为中心，呈八卦形排布。其河网纵横，全村有桥19座，其中5座是古桥，较为完整地保存了"小桥流水人家"的乡村风貌。村内古建筑形成了"河涌绕村流，小桥通街巷，沿涌种果树，街巷设门楼，白石街巷铺，河涌小鱼游，凉亭石凳多，屋院果飘香"的岭南特色水乡。

　　杨桃、木瓜、番石榴、龙眼、黄皮，这5种水果被称为"小洲五美"。这里的石硖龙眼、鸡心黄皮、红果杨桃等岭南水果远近闻名，远销国内外，是名副其实的"岭南水果之乡"。村旁的瀛洲生态公园，占地140多公顷，有5万多棵果树，是广州目前最大的果林农业生态园。

　　每年端午节，小洲村民都邀亲朋好友来观龙舟竞渡。据说小洲的龙舟曾被南汉后主刘鋹封为"瀛洲飞龙"。因此，在众多的锦幡村旗中，只有小洲龙舟是撑黄底红边的旗帜。又有云瀛洲，"赢舟"也。龙舟节到来时，村里会举行盛大的起水仪式，将龙舟挖起。每逢龙舟节，成群的龙舟在这里竞渡，成千上万的人们在欢呼。

　　20世纪80年代，著名画家关山月、黎雄才等人自筹基金建立起"艺术村"，在此居住、创作。近年来，村中出现了越来越多的画廊、雕塑馆、艺术工作室和艺术沙龙。小洲村已然变成广州的艺术家聚落，不少画家租用村民的祠堂作为展览馆或工作室，一种新的人文生态初成规模。

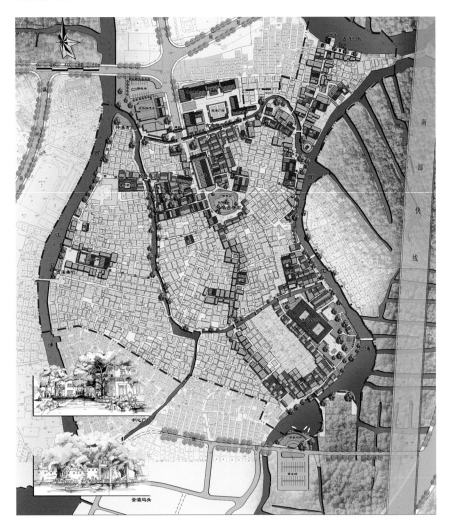

小洲村文物资源分布图

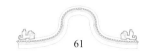

小洲人民礼堂（周展恒 摄）

小洲人民礼堂航拍（冯雄锋 摄）

## 一、小洲人民礼堂

小洲人民礼堂兴建于1959年，当时正值"大跃进"时期，全村男女老少总动员，自己设计，自筹资金，自行建造，就这样一砖一瓦地把礼堂建设起来。礼堂外立面为土黄色，保持了苏联时期公共建筑特色，里面则是典型的中国南方砖木架构。淡黄色的礼堂掩映在树林中，墙上"跟共产党走，全心全意为革命种田；听毛主席话，完全彻底为人民服务"的标语使之与周围的建筑相对比更显得与众不同。

礼堂在20世纪60年代是小洲村的文化阵地，70年代是政治、经济中心，曾作为小洲大队的办公室、民兵部、信用社、大会堂等。由于年久失修，礼堂曾一度成为危房。2006年，村民对它进行了全面修复，现在又成了小洲村的文化娱乐阵地。

山花（周展恒 摄）

大门（周展恒 摄）

简氏大宗祠（周展恒 摄）

## 二、简氏大宗祠

简氏大宗祠是该村简氏族人的宗祠，又称嘉告堂。始建年代待考，清乾隆年间（1736—1795年）重修。原为三路四进两天井两青云巷建筑，占地8671平方米，门设99道，取意长长久久，现第一进已毁。现时总面阔26.5米，总进深55.5米，占地面积1462.8平方米。砖、木、石结构。

第二进两边的仪门直通青云巷和白虎巷；入第三进要经过两旁有花岗岩、坤甸木料精雕成柱的小广场；而到第四进，房舍两侧的石栏围雕成八仙贺寿人物图，大堂高悬檀香木匾，上书"嘉告堂"。两侧有文武楼、魁星楼各2层。

祠堂在清代曾遭遇火灾，光绪十九年（1893年）重修。民国时期曾作为学堂。"文化大革命"中第一进被拆除，改建成2层楼的学校。这里几十年的"学校生涯"令简氏大宗祠严重损毁。1990年，村民拆除了2层楼的学校，后来又把宗祠广场和空地建为村心公园。今日所见的嘉告堂仅剩拜亭、中堂和祖堂，祠内的建筑也做了多处修改。

在嘉告堂门前左侧有一棵参天古榕。榕树也称麒麟树，传说从前小洲常遭水患，村民将此麒麟树植根在此后，果真水患全消，故之后小洲村民尊称这棵古榕为"麒麟献瑞"。

麒麟榕（冯雄锋 摄）

简氏大宗祠航拍（冯雄锋 摄）

中堂天井（周展恒 摄）

后堂天井（周展恒 摄）

嘉告堂木匾（周展恒 摄）

嘉告堂步廊梁架（周展恒 摄）

头门步廊梁架（周展恒 摄）

登瀛码头和古榕（冯雄锋 摄）

登瀛码头村口牌坊（周展恒 摄）

## 三、登瀛码头和古城墙

登瀛码头和古城墙位于小洲村登瀛外街，原是小洲村的村口。始建年代待考。坐南朝北。整座码头东西总长186.8米，宽27米，占地面积约5000平方米。码头用花岗岩条石构筑，分4个埠头。原码头种有6棵整齐的榕树，其中编号为650的古榕树树围4.01米，树龄超过350年，为广东省内榕树树龄最高者。

登瀛码头原为小洲村的村口，经码头入村在登瀛外街自东向西有青砖砌筑的村墙，据说建于清代，为抵御外敌而建。1912年起，广州古城墙被陆续拆毁，因此小洲得以保存的这堵古墙显得尤为珍贵。现仍可见墙上有"日"字形枪眼。村墙中段的门楼设有竖木柱（俗称"企栋"），门楼上有门额，上阴刻行书"登瀛"，该门额为花岗岩石匾，长0.9米，宽0.35米，现门额存放在码头上。

清代登瀛码头是村落对外贸易的中心港口，白天是水果、水产集市，晚上是村民休闲的好去处，该景象乃"小洲八景"之"古市榕荫"。现登瀛码头保存完整，是广州市保存完整的古码头之一。

## 四、翰墨桥

翰墨桥位于瀛洲路小洲村西浦大街至西园的石岗涌上。相传由村中司马府邸的主人修建，始建于明代，是村中最古老的石板桥。

"翰桥夜月"列"小洲八景"（翰桥夜月、西溪垂钓、孖涌赏荔、崩川烟雨、古渡归航、松径观鱼、古市榕荫、华台奇石）之首。

石桥在两涌边分别以花岗石和红砂岩交错横铺叠砌桥座基，在座基面各以6块2.22米×0.61米×0.2米花岗岩横铺成6级台阶。桥面由5根5.56米×0.6米×0.4米花岗岩石梁铺砌而成。桥两侧有护栏，栏板上刻有凸线。中部栏板阴刻"翰墨桥"篆书。

翰墨桥所用花岗岩条石长且厚实，座基坚实稳固，石桥栏可同坐20多人，至今仍完好无损。

翰墨桥（周展恒 摄）

## 五、娘妈桥

娘妈桥位于小洲村石岗滘东北涌面上，为连接登瀛大街至拱北、东渡大街的街巷石桥。东渡大街昔日是小洲村商业旺地，两侧均为商铺。娘妈桥曾是小洲村民出入村的古石桥。

娘妈桥为单孔梁式桥。长9.1米，宽1.9米，石梁厚0.31米。两边金刚墙以花岗岩石条、石块交替重叠铺砌，两端施花岗岩石五级台阶。桥面为5根花岗岩石梁并排铺砌。

娘妈桥

## 端午到，龙舟出

每年五月初一至初五，小洲村的重头戏便是鼓乐喧天的龙舟赛。

小洲龙舟赛在村北约的登瀛码头举行。每次扒完龙舟，小洲村都会在祠堂里设上百席饭菜，成百上千的村民团团围坐吃上一顿热热闹闹的龙船饭。这些天，龙船走巷过村地探访亲友，都要以请柬相邀，以龙船饼作回礼。

小洲村现存的9条龙舟，年龄最大的已有上百岁。据介绍，小洲龙舟选用来自越南、新加坡的黑色坤甸木，木材轻盈结实，很适合造龙舟。而龙舟的保存方式也很特别，当龙舟闲置的时候，要把它埋在水底的淤泥中，避免和氧气接触导致氧化，此为"埋龙"，准备上"战场"的时候，再"起"出来重新上油。

端午盛况

本章参考文献：
①陈建华. 广州市文物普查汇编　海珠区卷［M］. 广州：广州出版社，2008.
②曹利祥. 广东古村落［M］. 广州：华南理工大学出版社，2010.
③竺培愚. 渐行渐远古村落：岭南篇［M］. 北京：经济科学出版社，2013.

黄埔古港村口（林兆璋 绘）

# 6 黄埔村
## Huangpu Village, Haizhu District

黄埔古港航拍（冯雄锋 摄）

## 黄埔古港——"夷舟蚁泊"的广州外港

黄埔村于北宋年间建村。传说古时曾有一只美丽的凤凰飞来此地休憩，从此这里人丁兴旺，五谷丰登。又由于黄埔村位于珠江岸边，而水边地区称"浦"，水中陆地称"洲"，所以村名作"凤浦"或"凰洲"。明清年间，大量外国商船经常汇集停泊于附近水域，洋人讹读"凤浦"为"黄埔"，日久，"黄埔"一词便喧宾夺主了。

黄埔古港原为酱园码头，是广州对外贸易的外港。唐代，广州的外港在今天黄埔区南岗庙头村的菠萝庙，从南宋开始，黄埔古港已是"海舶所集之地"，明清两朝，澳门和黄埔先后作为广州外港。康熙二十四年（1685年），清政府在广州设置粤海关，将酱园码头设为黄埔挂号口，黄埔古港便成为中外贸易的必经之地和向外国商船征收关税的地方。

黄埔古港是粤海关省城大关的一个分口，清政府明文规定："凡载洋货入口之外国商船，不得沿江停泊，必须下锚于黄埔"。乾隆二十二年（1757年），政府撤销江、浙、闽海关，规定广州黄埔港为"夷人贸易唯一之商埠"。大量洋船泊于黄埔，大量商人也争相出洋贸易。据《粤海关志》记载，从乾隆二十三年（1758年）至道光十七年（1837年），停泊在黄埔古港的外国商船共计5107艘，时人形容其为"夷舟蚁泊"。其中美国的中国皇后号、瑞典的哥德堡号等名船均见证了这一黄金时代。

如今，黄埔古港的繁荣早已成为历史，昔日的酱园码头已不存，只有一块"黄埔古港"的石碑诉说着昔日的繁华。2006年，政府在村南的珠江江畔修建了黄埔码头仿古景点，以迎接同样仿古的瑞典哥德堡号商船，而真正的酱园码头遗址是在景点的西北500米处。黄埔古港与中国进出口商品交易会主会场——广州国际会展中心这两个不同时代的贸易窗口分别在琶洲塔的东西两端隔江相望，历史的巧合莫过于此。

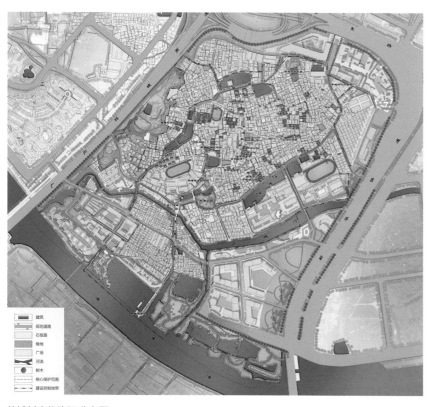

黄埔村文物资源分布图

黄埔村街景（周展恒 摄）

北帝庙（周展恒 摄）

石狮（周展恒 摄）

## 一、北帝庙

北帝庙又叫玉虚宫、水月宫，位于黄埔村柳塘大街凤浦公园内。建于清代。坐南朝北，由主体建筑偏殿、广场、风水林组成。主建筑三间两进，总面阔41米，总进深22.4米，占地面积950平方米。

头门硬山顶，面阔12.83米，进深7.86米。灰塑博古脊，碌灰筒瓦，绿琉璃瓦当滴水剪边。木雕花封檐板，青砖花岗岩石脚墙。4方花岗岩石前檐柱，花岗岩石柱础。分中墙承重。梁架步梁出头，山墙灰塑彩绘山水画，花岗岩石门框。门额镶嵌青石龙纹石额，上阴刻"玉虚宫"。

东西两廊长6米，卷棚顶，碌灰筒素瓦，绿琉璃瓦当滴水剪边，木雕花封檐板。天井花岗岩地，设四角攒尖香亭。

第二进面阔三间12.8米，进深8米，屋顶形式同头门，金柱承梁架。红阶砖对缝斜铺地。偏殿为水月宫。建筑布局与北帝庙同。花罩、洞门等装饰构件形制新颖。

北帝庙内景（周展恒 摄）

水月宫内景（周展恒 摄）

墀头砖雕（周展恒 摄）

胡氏宗祠（周展恒 摄）

胡氏宗祠（林兆璋 绘）

## 二、胡氏宗祠

胡氏宗祠位于黄埔村保昌大街东侧夏阳大街10号。清代祠堂。坐北朝南，三进两廊，砖、木、石结构建筑。主体建筑面阔12.4米，连两侧青云巷、衬祠总面阔33.36米，总进深44.85米，合700平方米。面前广场，临莲花塘。

头门面阔三间12米，两边包台。硬山顶，灰塑博古脊。碌灰筒瓦，琉璃瓦当滴水剪边。封檐板木雕花鸟图纹。梁架上施驼峰异形斗栱，梁底和驼峰分别雕刻花草、人物图案，雕工精致。前檐柱花岗石方柱，出虾公梁，梁上石狮。柱头两侧出雀替，形似华表。门额石刻"胡氏宗祠"，前有三级台阶。广场上立有1对花石旗杆夹。

第二进面阔三间12米。前檐柱为红木圆柱。

第三进面阔三间12米。有额"慎徽堂"。

胡氏宗祠为黄埔村胡姓开基祖祠堂。建筑总体保护良好。

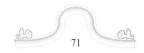

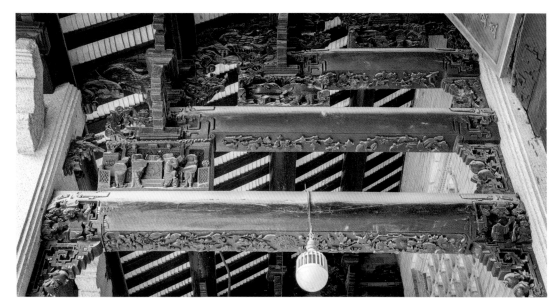

头门梁架木雕（周展恒 摄）

头门抱鼓石（周展恒 摄）

虾公梁石狮（周展恒 摄）

胡氏宗祠航拍（冯雄锋 摄）

冯氏大宗祠（周展恒 摄）

冯氏大宗祠风水塘（周展恒 摄）

## 三、冯氏大宗祠

冯氏大宗祠位于黄埔村堂南里黄埔小学侧边，是冯姓始祖宗祠。建于清康熙四十三年（1704年）。坐东向西，三间三进，总面阔32米，总进深48米，占地面积约1535平方米。从外至内依次有月池、前地、头门、中堂、天井、正殿及南北两廊衬祠，是黄埔村内最大的祠堂。

头门面阔三间，硬山顶，灰塑花卉正脊，人字封火山墙，碌灰筒瓦。青砖花岗岩石墙脚，两侧花岗岩石包台，花岗岩虾公梁，团花驼峰。南北青云巷门廊上刻"入孝""出第"字样。

头门后天井花岗岩条石铺地，南北两廊卷棚顶，花架梁。有楼梯可上二层阁楼。

第二进脊高9.5米，阁楼高8米，屋顶同第一进。

第三进脊高9.6米，硬山顶，后殿砖墙承重。

原全祠共有门洞99个，并以此为誉，现存33个。

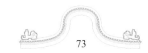

中堂（周展恒 摄）

廊庑及阁楼（周展恒 摄）

后堂（周展恒 摄）

侧厢门洞（周展恒 摄）

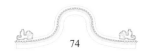

晃亭梁公祠（周展恒　摄）

垂带石狮和包台石刻（周展恒　摄）

虾公梁石狮（周展恒　摄）

梁架木雕（周展恒　摄）

## 四、晃亭梁公祠

　　晃亭梁公祠位于黄埔村荣西里6号。建于清代。坐东朝西。三间三进，面阔13.44米，总进深36.86米，占地面积496.8平方米。砖、木、石结构，全屋青砖砌筑，街面水磨青砖。硬山顶，灰塑博古纹脊脊，灰塑花饰博古纹衬垂脊，碌灰筒素瓦，琉璃瓦当滴水剪边，木雕封檐板。花岗岩石脚，花岗岩条石铺地。头门石额刻"晃亭梁公祠"，两侧刻装饰人物像。两侧次间有包台，石虾公梁上置驼峰、雀替。头门临街，与化隆冯公祠、主山冯公祠相邻。

# 五、冯佐平故居

冯佐平故居位于黄埔村惇慵街10号，俗称"日本楼"。建于民国14年（1925年）。楼高2层，平面为倒"凹"字形，两边各有狭小天井。青砖、木结构，阳台部分为钢筋混凝土结构。花岗岩石门夹及趟栊大门。院墙及其大门和其他细部装饰显示出日本建筑风格，院墙及其大门为红砂岩砌筑，为明治维新后日本吸收西方折中主义风格的形式，有拱券、涡卷、线脚等细部，山花以圆洞中空，寓意日本的红太阳。在第二层阳台栏杆上也有相同的寓意，细部为放射状的太阳。

"日本楼"大门及院墙面阔14.8米，总进深16.19米，主建筑为三进两层。正面主楼为"凹"字形。楼顶为绿琉璃瓦四角攒尖顶。主楼硬山碌灰筒素瓦顶，檐饰绿琉璃瓦当滴水剪边。首层五房两厅，木楼梯，二层五房两厅，三层两边有露台。整座建筑占地240平方米。

清光绪二十六年（1900年），冯佐平在日本求学期间认识了日本天皇裕仁的侄女，不久结为夫妇。1924年，40岁的冯佐平携妻儿一家四口回黄埔村定居，翌年兴建了这座富有日本风格的小洋楼。广州沦陷后，日军登陆后准备放火烧村，冯妻取出宝刀喝退日军，周围村庄得以保存。

冯佐平故居（冯雄锋 摄）

栏河装饰（周展恒 摄）

本章参考文献：
①陈建华. 广州市文物普查汇编 海珠区卷［M］. 广州：广州出版社，2008.
②竺培愚. 渐行渐远古村落：岭南篇［M］. 北京：经济科学出版社，2013.

冯佐平故居航拍（冯雄锋 摄）

# 荔湾区

Liwan District

聚龙村村面

# 7 聚龙村
## Julong Village, Liwan District

聚龙村街景（冯雄锋 摄）

## 龙血吉象兆聚财，地产开发报春花

　　聚龙村，又名邝家大院，东至垅西直街，南临冲口涌，西至芳村招村，北与广州柴油机厂相连，占地面积约13.3万平方米。清光绪五年（1879年），原籍广东台山的邝氏三兄弟选址番禺大冲口临江地带建造新村，以在广州发展基业。邝氏族人共有20户从台山迁居于此，因建村挖土时，地底的红砂岩层涌出泉水，被风水先生称为"龙出血"，故名"聚龙"。

　　聚龙村民居的建筑风格是岭南农村院落式与广府西关大屋的风格相结合。房屋以近乎长方形的方阵排列。横分三排，东西向排列，由村前南起第一、二排民居相连，第二、三排间有一条街道相隔，纵向以6条各宽2.2米的巷道把房屋分成7路，增建的21号民居位于西侧自成一路。村内民居的基本结构格局是西关大屋的三间两廊式，砖木结构，硬山顶，碌灰筒瓦，青砖花岗岩石脚墙体，巍然壮观。

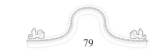

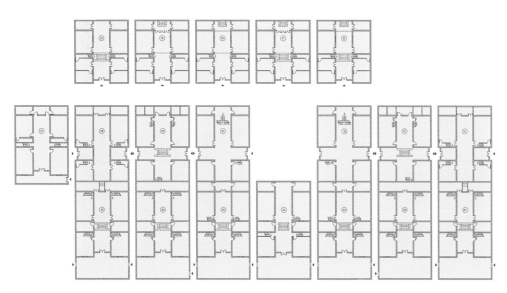

聚龙村民居规划图

第一排民居航拍（李沃东 摄）

第三排民居航拍（李沃东 摄）

聚龙村航拍（李沃东 摄）

　　建村之初共有民居20幢（1～20号），1914年增建1幢（21号）。建筑坐北朝南，绕村建有高约3米的围墙，在围墙的东南角、西南角各建有一座更楼，另有一幢书舍，就像一个封闭式的小区，族人根据定价认购房屋。因此聚龙村成为中国人由农村聚落向城镇聚落演变的实物见证，也是国内比较早期的房产开发的产物。

　　建村之初的邝氏居民，大多数在广州经商。经过多年的艰苦创业，到清末民初，聚龙村涌现出一批知名商人，如《广报》创始人邝其照、美南鞋厂厂长邝伍臣、中美大药房创始人邝明觉等。抗日战争期间，村里商人纷纷移居香港地区以及美、英、马来西亚和巴西等国。

　　中华人民共和国成立后，围墙、更楼、书舍毁坏，现实存民居19栋，门牌为聚龙村1～10号、12～14号、16～21号。

村中小院

聚龙村民居轴测图

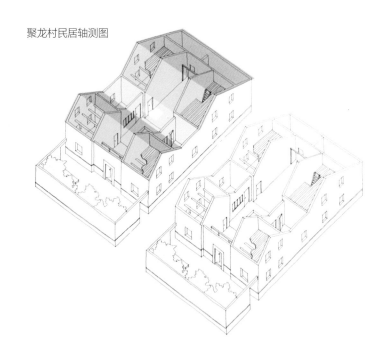

第一排民居外观（冯雄锋 摄）

第三排民居外观（冯雄锋 摄）

## 聚龙村民居

邝家大院东西面阔117米，南北进深63米。纵向以6条宽约2.2米的巷道把房屋分成7路，西侧增建的21号民居自成一路，形成一个街巷排列有序、整齐划一的大院式建筑群。

村内民居均为典型的粤中三间两廊式。砖木结构，硬山顶，碌灰筒瓦，青砖石墙基。其布局向纵深方向发展，前中后三排民居的形式又稍有不同。

聚龙村第一排民居（1～7号）共7幢，每幢民居面阔约12.5米，进深约17.8米，高约7米，平均每幢建筑占地约222平方米。每幢民居的入口从东西两巷进入，其后为小花园，占地面积约38平方米。大门朝南，位于正中间。门窗框均用整条花岗岩打制，大门从外往内依次为脚门、趟栊、大门。首层分为门官厅、前厅和后厅，前厅与后厅之间设明瓦天窗，无天井。厅内设中庭花罩，后厅设神楼，花罩、神龛木刻工艺精湛。神楼之后设厨房，大厅两侧各有两个侧厢，二层布局与首层一致。

第二排民居（8～14号，11号已毁）及21号，共7幢，每幢民居面阔约12.5米，进深约17.8米，高约7.7米，平均每幢建筑占地约222平方米。位于第一排民居之后。民居入口从东西两巷进入。其室内布局与第一排民居相似。

第三排民居（16～20号，15号已毁）共5幢，每幢民居面阔约12.6米，进深15.3米，平均每幢建筑占地约193平方米。楼高略高于第一、二排民居，民居入口在南面的正中间，均有小阳台，阳台窗楣有寓意吉祥的花卉图案灰塑，造工精美。第二层内廊镶嵌满洲窗或木格玻璃窗。室内布局与第一排民居相似，但装饰风格有明显的西化倾向。

现聚龙村19幢民居外貌基本保存完整。

天井（林兆璋工作室 提供）

花罩（林兆璋工作室 提供）

灰塑门楣（林兆璋工作室 提供）

阁楼（林兆璋工作室 提供）

满洲窗（林兆璋工作室 提供）

室内（周展恒 摄）

本章参考文献：
①陈建华. 广州市文物普查汇编　荔湾区卷
［M］. 广州：广州出版社，2008.
②竺培恩. 渐行渐远古村落：岭南篇［M］.
北京：经济科学出版社，2013.

# 白云区

Baiyun District

平和大押（周展恒 摄）

# 8 均和圩
Junhe Fair, Baiyun District

均和圩航拍（冯雄锋 摄）

## 广州最大的碉楼建筑

均和圩位于白云区的西北面，居石马、平沙、清湖、罗岗4个村的中心位置。现属于均禾街辖下的均禾社区。圩市始建于民国4年（1915年）下半年，是年广州遭遇特大水灾，禺北尤甚，史称"乙卯年大水"。洪水冲毁了原大朗附近的桥头市，附近乡民迫切盼望能在附近有个圩市，于是由石马、平沙、大朗、亭岗岑村、龙湖、滘心、清湖村的知名人士及乡绅共同洽商选址建圩事宜，并专门聘请了一位上海工程师主持规划设计。

均和圩坐东朝西，东西长190.5米，南北阔217.3米，总面积约4.2万平方米。均和涌在圩的西面，河水自北往南流经平沙、大朗夏茅入石井河。均和涌距离圩市之一街仅30米，涌边建有码头，货物进出十分方便。

均和圩街景（周展恒 摄）

均和圩街景（周展恒 摄）

均和圩街景（周展恒 摄）

均和圩街景（周展恒 摄）

均和圩设计为梳式布局，圩的南面建有一座楼高26.2米的"平和大押"，东面建有一间三路两进祠堂格局的均和公所。圩市建设具有鲜明的岭南特色，所有临街商铺门面均为东西相向带骑楼的两层建筑，首层前店后仓（或加工场、作坊），第二层做居室。街道路面宽阔笔直，纵横有序。南北走向的主街道有3条：一街、二街阔约6米；三街最阔，约7米多。东西走向有4条横街，每相隔8间商铺便有一横街，以均和公所通向均和涌的三横街最阔，宽约8米。

民国27年（1938年）10月高塘圩被侵华日军烧毁后，原来习惯趁高塘圩的四乡农民、商贩纷纷转向均和圩，不少商人也陆续转移到均和圩设店开厂。所以从民国27年至民国34年（1938—1945年），均和圩进入鼎盛时期。圩内所有公所、当铺、茶楼、商铺、厂场鳞次栉比；经营场地亦划分有序，北面有好几个街区，分别经营耕牛、牲猪、家禽等；西南临涌的地方主要是赌场、烟馆、妓院。

由于均和圩位置适中，交通方便，加上管理有序，治安稳定，故每逢农历一、四、七、九圩期人如潮涌，三鸟、山货、咸杂、蔬菜等摊档成行成市。水路交通繁忙时，均和涌码头每每云集大小船数十艘，当地人称之为"街船"，每到圩期，大量的白榄、马蹄、花生、生姜等产品从水路销往省城、香港、东南亚等地。遇生姜上市旺季，仅生姜一项，每圩期交易就达10万多斤。

至抗日战争胜利后，高塘圩得以重建，嘉禾、龙归、新市等圩市也逐渐复苏，使客源分流，令均和圩风光不再。

目前，均和圩还保存着平和大押、均和公所和五六十间商铺建筑，但民居不多。

骑楼式商铺（周展恒 摄）

均和公所（周展恒 摄）

# 一、均和公所

　　均和公所位于均和圩中心偏东。始建年代不详，民国21年（1932年）重修，是当时负责维持治安、管理乡村和圩场以及调解商业纠纷的机构的办公场所。当时辖下有13个乡，3207户，人口11947人，农田8560.51亩。坐东朝西，比普通祠堂高出1~1.5米。三路两进，总面阔22米，总进深28.5米，占地面积627平方米。硬山顶，人字山墙，灰塑博古脊，碌灰筒瓦，陶瓦剪边。青砖砌墙，石墙脚。公所前面有地坪，现已铺混凝土。

　　公所现为均禾街均和居委会办公场所。

天井（周展恒 摄）

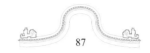

平和大押鸟瞰（冯雄锋 摄）

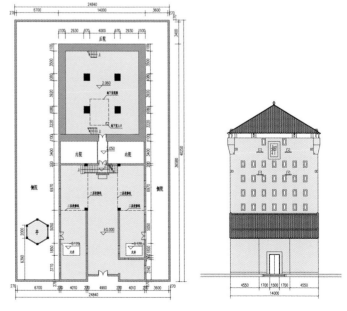

平和大押平面图和立面图

## 二、平和大押

平和大押位于均和圩的南面，当年是禺北地区最有名的当铺。建于民国17年（1928年），老板是石井滘心人。坐东朝西。面阔24.72米，进深40.59米，占地面积1003.38平方米。由主体建筑包括前座平房的营业铺面和后座碉楼状的仓库以及南北侧院、东面后院组成。

前座平房面阔三间13.5米，进深三间16米，共二十七架。前后廊均为七步梁。其中凹斗门面阔4.5米。硬山顶，人字山墙，平脊，碌灰筒瓦，素瓦剪边。青砖墙，石墙脚。

门口宽约1.5米，花岗岩石门夹，设有趟栊，且有坤甸木双开门。门内于前座进深中线的左右建有两根巨型砖柱，将前座的面阔分成三等分。这两根砖柱也将前座分为前厅和后堂两部分：前厅设柜台，是交易场所；后堂两次间建有精致阁楼，分别是老板和账房先生的办公室，阁楼之下为会客室。一进门见到的写着"平和押"的红色木质屏风，业内俗称"遮丑板"，遮挡前来质物之人，使其避免被外人所见，一为保护其财产安全，二为维护其自尊心，毕竟取出自家宝物来抵押并不是一件光彩的事。遮丑板后是柜台，

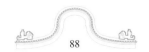

柜台前遮丑板（周展恒 摄）

柜台（周展恒 摄）

前座会客厅（周展恒 摄）

平和大押前后楼连廊（原为吊桥）

前座阁楼（周展恒 摄）

账房办公室模拟场景（周展恒 摄）

平和大押内园（周展恒 摄）

柜台平面离地有几十厘米高，就连坐的凳子也有1米左右的高度，故掌柜多居高临下，前来质物之人只能双手托举物件，仰视柜台与当铺的坐柜进行交易。一高一低间，尽显人生百态。

前座与碉楼式仓库之间挖有一条水渠，宽3.6米，长14米，当地人俗称"护城河"。河上原建有一座吊桥，一旦有紧急情况，拉起吊桥，易守难攻。沿左边阁楼楼梯，可通往吊桥。

碉楼式仓库面阔三间14米，进深三间14.3米，楼高约26.62米，地面计起共分9层。墙体以大块青砖砌成，厚约0.5米，楼内建有4根巨型砖柱，直通楼顶，同时将面阔和进深大致分成三等份。砖柱截面较前座两砖柱大。每一层均用上等木檩条将砖柱与四周墙体联结起来，使整座碉楼结构更加稳固。楼层之间架有木扶梯，至今保存完好。每层四周开有小窗，既可通风采光，又可作瞭望、射击之用。顶层密架杉木檩，先铺厚楼板，再铺大方砖。天台上用金字架支撑瓦盖，四角攒尖顶，檐口与胸墙之间还留有一定空隙，便于更夫巡视四周。顶层东面建有一蓄水池，乃防火之用。首层之下还挖有地窖，用以贮粮，窖内有一口水井。

碉楼内景（周展恒 摄）

碉楼方柱（周展恒 摄）

碉楼顶楼，可见防御用的石块（周展恒 摄）

碉楼木梯（周展恒 摄）

　　库楼一共有6层，主要以存放当物为主。每层楼的当物都是用麻袋装起来，然后用吊钩挂在横梁上存放的，这样可以避免潮湿，也可以防止鼠蚁的侵蚀。碉楼东、南、北三面均有青砖围墙，高约3米，南北墙各长约40.59米，东墙长约24.72米。当铺与北围墙之间还建有小花园和凉亭。整座主楼墙体坚固。据传，民国27年（1938年）10月，侵华日军整整花了3天才攻下主楼。现顶层四周之胸墙下还堆放着当年用于防御的石块。

　　2005年9月被公布为广州市登记保护文物单位，2019年被公布为广东省级文物保护单位。

本章参考文献：
①陈建华. 广州市文物普查汇编　白云区卷［M］. 广州：广州出版社，2008.
②竺培愚. 渐行渐远古村落：岭南篇［M］. 北京：经济科学出版社，2013.

蚌湖圩北街（周展恒 摄）

蚌湖圩总平面图

# 9 蚌湖圩

**Banghu Fair, Baiyun District**

## 繁华一时的北郊市圩

　　蚌湖圩位于人和镇蚌湖管理区镇湖村。始建于清光绪十五年（1889年），民国17年（1928年）扩建成较大集市。占地面积约2万平方米，圩市呈梳式布局。

　　民国27年（1938年），广州沦陷，高塘圩被侵华日军一把大火烧毁，流溪河北岸沿岸村庄遭到"清乡"，蚌湖侨眷更是处于水深火热之中，很多人不得不靠拆屋卖砖、木糊口，当时均和圩就有专门买卖侨屋砖、木的一条街。

　　民国34年（1945年），日本无条件投降，蚌湖圩逐渐复苏。从1945年到1956年，蚌湖圩是一个比较繁荣的圩市。1957年后，随着国家对商业的社会主义改造，农村生产资料和生活用品均由供销社统购统销，蚌湖圩的许多商铺逐步改为民居。

　　现在，蚌湖圩已繁华不再，唯有几条街道及华侨戏院尚可寻得当年繁华的痕迹。

　　蚌湖圩目前还有小部分居民居住，大多数已搬迁到新居。

蚌湖圩中街商铺（周展恒 摄）

蚌湖圩西街（周展恒 摄）

蚌湖华侨戏院（周展恒 摄）

蚌湖圩通津街（周展恒 摄）

　　蚌湖圩北街位于蚌湖圩的最北面，是进入蚌湖圩的主要干道。宽6米，长49米，南北相对排列8间商铺，共由16间商铺组成。

　　蚌湖圩西街在中街的西面。宽5.8米，长88.5米，有2～26号（双号）单向朝东14间商铺，现仅剩下2号蚌湖果杂商店仍继续营业。

　　开圩前以玉虚宫前宽6.4米、长70.6米地段的蚌湖圩中街最为繁荣。该段东面1～11号（单号）并排4间是蚌湖茶楼，西面4～18号（双号）10间是商铺。

　　蚌湖圩通津街为东西走向，宽6米，长84.5米，西面6～24号（双号）有商铺10间。所有商铺统一为面阔4.4米带骑楼的2层（极个别为3层）砖木结构建筑。

　　蚌湖圩大同街原是农副产品交易市场，现仍保留1957年建造的"蚌湖华侨戏院"门面遗址，但其后的剧场部分已经倾圮。

蚌湖华侨戏院鸟瞰（冯雄锋 摄）

蚌湖圩镇湖大街民居（周展恒 摄）

蚌湖圩镇湖大街门楼上方"伯塱谢瑞造"铭牌（周展恒 摄）

　　蚌湖圩镇湖大街是蚌湖圩南面的一条横街，宽6.4米，长110.9米。中街将其分成东西两段，西段全部建筑保存尚完整，街的入口处有一完好的门楼。门楼面阔6.4米，门额上书"镇湖大街"，年款"民国十七年"，落款"谢玉题"。在门楼上方还有"伯塱谢瑞造"铭牌。大街东段原有12间商铺，南向的12间商铺已全部拆毁，仅剩下19号、21号、23号、25号和对面34号一间建于1959年的"华侨广播站"等3间建筑。

蚌湖圩华侨广播站
（周展恒 摄）

玉虚宫（周展恒 摄）

# 玉虚宫

　　玉虚宫位于蚌湖圩镇湖村中街，是蚌湖地区最早的庙宇之一。始建年代待考，曾于清光绪十五年（1889年）重建。坐北向南，广两路，深两进，总面阔17米，总进深19.8米，占地面积336.6平方米。左边有衬祠。硬山顶，灰沙硬脊，碌灰筒瓦，琉璃瓦当剪边。青砖墙，石墙脚。

　　头门面阔三间，进深两间，共十三架。石门额上阴书雕刻"玉虚宫"，年款"光绪己丑春月重建"。明间花岗岩门夹石，阴刻门联"赫濯神灵钟北次，辉煌庙貌镇南离"。次间虾公梁上有雕刻精美的石狮，墀头砖雕纹饰细腻，封檐板有人物、花鸟、山水纹饰木雕。

　　清代玉虚宫香火颇盛，民国初期香火日减，后来作为"蚌湖乡公所"办公场所。蚌湖地区被侵华日军占领时期，伪"蚌湖乡政府"亦设于此地。中华人民共和国成立后，玉虚宫先后成为蚌湖乡人民政府、蚌湖农会、蚌湖人民公社的办公场所。1962年至20世纪80年代初期，为蚌湖供销社仓库。现为蚌湖老人活动中心。

头门步廊异形梁架（周展恒 摄）

虾公梁石狮（周展恒 摄）

本章参考文献：
①陈建华. 广州市文物普查汇编　白云区卷［M］. 广州：广州出版社，2008.
②竺培愚. 渐行渐远古村落：岭南篇［M］. 北京：经济科学出版社，2013.

# 天河区

Tianhe District

珠村航拍（冯雄锋 摄）

# 10 珠村
## Zhucun Village, Tianhe District

## 中国乞巧第一村

　　珠村面积庞大，基本保留了"水环村，村环水"的自然格局和以宗族聚居为特色的人文格局，不可移动文物较多，保存的传统民俗和节庆活动也较为丰富。由于位于中心城区，区位商业价值较高，除了受到保护的历史文化建筑外，全村其他建筑已经基本被4~7层的握手楼取代，全村呈现典型的城中村风貌。

　　南宋建村，因村旁有3座小山岗，故名三珠岗，初称珠子村，后简作珠村。据其族谱记载，珠村最大的姓氏潘氏本姓姬，是周文王的儿子毕公的后代。毕公的儿子被封于潘，其后，子孙以地名为姓，将姓"姬"改姓"潘"。珠村第二大姓氏为钟氏，钟氏以"颍川"为堂号，是秦末汉初钟接的后代。南宋初年，钟姓迁入珠村。北宋初，防

珠村平面图

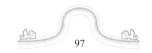

潘氏宗祠（周展恒 摄）

御使钟轼率军南下，留守广州，成为南迁始祖，其子孙迁居至现在的珠村。潘、钟两大主姓聚族而居，繁衍至今，逐渐壮大。十三房支聚居区域形成村内十三社，宗族聚居发展的特征鲜明。村内以传统街巷为骨架呈现梳式布局，围绕祠堂、水塘周边形成公共开敞空间核心，体现传统宗族聚落的空间礼制格局。

珠村被评为"中国民间文化艺术之乡"。2010年，以珠村乞巧为代表的天河乞巧习俗入选国家级第三批非物质文化遗产名录，珠村连续十多年举办广州乞巧文化节，在海内外具有影响力。

# 一、潘氏宗祠

潘氏宗祠位于珠吉街珠村文华社。始建年代待考，清康熙九年（1670年）、雍正六年（1728年）、道光三十年（1850年）三度重建，咸丰十一年（1861年）又重建头门，同治元年（1862年）重建中座，2002年重修。坐西朝东。广三路，深三进，总面阔30米，总进深52米，建筑占地面积1560平方米。中路为正祠，两侧以青云巷相隔为衬祠。正祠人字封火山墙，灰塑龙船脊，碌灰筒瓦，陶瓦当，青砖石脚。衬祠硬山顶，高度低于正祠，灰塑博古脊。前有地坪120平方米。

头门面阔三间14米，进深两间8米，共十一架。前廊三步，木雕柁墩精美，封檐板雕有花纹。花岗岩石塾台，4根花岗岩石檐柱，次间虾公梁上施石柁墩、斗栱。大门上悬"潘氏宗祠"木匾，两侧立花岗岩石鼓。

头门后天井宽阔。两侧有厢房，面阔三间，进深两间，共七架。硬山顶，灰塑博古脊。

中堂称明德堂。面阔三间10.5米，进深三间12米，共十三架。4根花岗岩石檐柱。次间有花岗岩石虾公梁和花岗岩石栏杆。后金柱间设置屏门，上悬重新制作的"明德堂"木匾。

中堂后天井两侧有廊，六架卷棚顶。

后堂面阔三间10.5米，进深三间12米，共十三架。前廊梁架用瓜柱承檩，其后梁上施如意纹驼峰。花岗岩石前檐柱。神龛重做，上悬仿嘉庆十五年（1810年）匾重制的"德厚流光"木匾。

潘氏宗祠航拍（冯雄锋 摄）

墀头砖雕（周展恒 摄）

头门梁架（周展恒 摄）

头门抱鼓石（周展恒 摄）

首进天井（周展恒 摄）

恒上家塾（周展恒 摄）

檐下花卉灰塑（周展恒 摄）

## 二、恒上家塾

　　恒上家塾位于文华大街14号，建于清代，该祠土改时分作民居，没有重修过，保留较为完好，但室内外装饰比较简单。该祠坐西朝东，两廊一厅一天井，通宽8米，通深8米，屋顶是硬山顶，瓦面铺灰筒瓦，青砖墙，正面墙中门凹入，红砂岩勒脚。屋檐下没有挡板，两边凸出的墙壁上檐下有花卉雕塑，保存比较良好。该祠现作民居。

　　该祠堂是为纪念潘逊。潘逊，字恒上，珠村潘姓第十四世祖，生于清康熙六十年（1721年），逝于嘉庆六十年（1801年），终年81岁，曾封暨仕郎。

梅隐潘公祠（周展恒 摄）

## 三、梅隐潘公祠

梅隐潘公祠航拍（冯雄锋 摄）

　　梅隐潘公祠位于珠吉街珠村文华大街12号。潘贤，字梅隐，珠村潘氏第七世祖。祠堂建于清代，重修于民国15年（1926年）。坐西朝东，正祠三间两进，左侧有一厨房，总面阔11米，总进深20米，建筑占地面积220平方米。两进屋顶均为人字封火山墙，博古脊身有九狮图灰塑，碌灰筒瓦。青砖石脚。祠堂前面有一池塘，左前方有一棵百年以上的龙眼树。头门面阔三间8.7米，进深两间4.5米。前廊立有两根花岗岩方身檐柱，4层石柱础，下面两层有一些雕饰，檐柱挑头上有石雕人物。檐柱与山墙之间有花岗岩虾公梁，梁上有石雕蝙鼠驼峰，上有蝙蝠形石雕斗栱。梁架上的驼峰、斗栱都有雕花，简洁精美。横梁上也有雕花。屋檐有兽字纹瓦当，檐下有人物、花鸟纹饰雕花封檐板。山墙墀头上有砖雕人物，但被横过架设的电线局部损坏。檐下有人物、山水、鸟兽壁画。施石门夹。石门额阳刻行书"梅隐潘公祠"，上款"民国丙寅冬重修"，下款"顺德何长兄书"，署名下方有一枚方印，印文不清。朱漆大门，门口两旁各有一石门墩。内有两根方形石檐柱、两根方形石金柱。

　　天井进深5.8米，地面铺花岗岩条石。两边各有一廊，卷棚顶，碌灰筒瓦。

　　后堂面阔三间8.7米，进深三间7.9米，有4根坤甸木圆柱和两根花岗岩方形檐柱，梁上有木雕花纹。堂前有三级石阶。

梅隐潘公祠"九狮图"灰塑屋脊（周展恒 摄）

头门梁架（周展恒 摄）

檐柱柱础（周展恒 摄）

## 四、水浸坛

水浸坛在珠村文华社的梅隐潘公祠前的水塘中，是一个独特的社稷坛，其独特之处在于此社稷坛是建于水上，由于常年被水浸着，所以习称"水浸坛"，是文华社群众以前用作祈福、祝愿的保护神，这里还沿袭有广州传统的"添丁上灯"习俗。

社稷坛设在水中，灯棚、供案亦在水中，社稷坛中有社稷公的牌位，挂灯者必须涉水到达。每天早晚两次挂灯，都在6时左右，家人要到社稷坛前上香礼拜，一直持续到元宵节。

水浸坛（周展恒 摄）

禘长钟公祠（周展恒 摄）

# 五、禘长钟公祠

禘长钟公祠位于珠吉街珠村中东街12号。钟禘长为珠村钟氏第十世祖。

祠堂始建年代待考，重建于清咸丰八年（1858年）。坐西朝东。三间两进，总面阔10米，总进深16米，建筑占地面积160平方米。两进屋顶均为人字封火山墙，龙船脊上有灰塑花卉。青砖墙，勒脚部分用花岗岩，部分用红砂岩。

头门面阔三间，进深两间，七架。前廊立有两根花岗岩方形檐柱，以整块木雕成博古形雕花梁架。檐柱与山墙之间木枋上面有雕花驼峰和斗栱。施石门夹。石门额阴刻"禘长钟公祠"，上款"咸丰戊午孟夏重建"，下款"廿三传侄孙汝章敬书"。大门宽1.45米，门槛高0.28米，门两边各有一个高0.3米的石门墩。门额上方的墙壁上有五彩绘画和古诗，画面保存较好。内有两根直径0.3米的八棱形石质后檐柱，红砂岩柱础。

天井旁有两廊，六架，地面铺红砂岩。

后堂面阔三间，进深三间。有两根八棱石檐柱。室内墙壁用白灰粉刷。

门额及壁画（周展恒 摄）

可田潘公祠（周展恒 摄）

墀头（周展恒 摄）

## 六、可田潘公祠

　　可田潘公祠位于珠吉街珠村南门下街32号。潘可田为珠村潘氏分房祖先。祠堂建于明末清初。坐南朝北。三间两进，总面阔12米，总进深20米，建筑占地面积240平方米。两进屋顶均为硬山顶，镬耳封火山墙。龙船脊上有灰塑，碌灰筒瓦，"金玉寿"文字陶瓦当。水磨青砖墙，红砂岩石脚。前面有池塘。该祠与北帝庙等古建筑连成一片。

　　头门面阔三间，进深两间。前廊有两根花岗岩石檐柱，坤甸木枋上有雕花柁墩、斗栱。封檐板雕花较浅。墀头精美。施石门夹。石门额阴刻"可田潘公祠"。内有两根方身石檐柱、两根圆木柱。

　　天井旁有两廊，六架卷棚顶。廊与后堂之间有墙，开有拱门。

　　后堂面阔三间，进深三间，十一架，有4根直径0.3米的坤甸木金柱，花篮柱础。墙上端有壁画。

北帝庙（周展恒　摄）

北帝庙航拍（冯雄锋　摄）

# 七、北帝庙

北帝庙位于珠吉街珠村南门下街46号。始建于明代，重修于清同治四年（1865年）、民国10年（1921年）和1996年。坐南朝北。广三路，深两进，总面阔25米，总进深14米。硬山顶，龙船形正脊有灰塑花卉，碌灰筒瓦。青砖石脚。

头门面阔三间，进深两间，共十一架。墀头有砖雕花鸟。封檐板有雕花，檐下有壁画。

头门后的天井旁有两廊，各面阔三间，有两根石檐柱。

后堂面阔三间，进深两间，共十一架，厅内有供台和供桌，摆有供品。

庙东西两路面阔7米，进深14米。东路西墙有民国10年的《重修玄北帝庙题名碑记》，天井廊上有清同治四年的《重修北帝庙题名碑记》，内容均为捐款人姓名。西路被村民称为西斋，结构如东路。

民国13年（1924年），黄埔军校第一期术科考试指挥部设在这里。校长蒋介石和苏联顾问鲍罗廷等军政要员经常出入北帝庙，总教官何应钦在这里指挥。民国10年重修该庙时换下的红砂岩柱成了蒋介石和军官们的下马石，马拴在庙右前方的树林里。该柱础高0.4米，宽0.4米，顶上已被鞋底磨得很光滑。

屋脊灰塑（周展恒　摄）

南海神祠（周展恒 摄）

# 八、南海神祠

　　珠村南海神祠又名洪圣庙，位于珠村南便大街3号，天河区登记保护文物单位，建于明末清初，清同治三年（1864年）、2004年重修。坐北朝南，三间两进，占地面积217.6平方米。神祠门额阴刻"南海神祠"，门口上联阴刻为"灵曜三珠神通既济"，下联为"德昭四境泽遍同人"，落款为"同治三年岁次甲子季冬上浣吉旦"和"沐恩洪恩既众信敬奉"。两侧廊为卷棚顶，天井为麻石铺地。珠村是水乡，在明清时，村民们除耕作外，还经常出海打鱼，俗话说"靠山吃山，靠水吃水"，所以建南海神祠也是珠村人对水乡神灵的一种敬意。

本章参考文献：
①陈建华. 广州市文物普查汇编　天河区卷［M］. 广州：广州出版社，2008.
②竺培愚. 渐行渐远古村落：岭南篇［M］. 北京：经济科学出版社，2013.

# 黄埔区

Huangpu District

黄埔军校大门

深井村街景（冯雄锋 摄）

# 11 长洲镇
## Changzhou Town, Huangpu District

## 长洲村和深井村

　　长洲村和深井村，两村原各为岛屿，1959年，界河新担涌被拦断一截，两岛合二为一，统称长洲岛。长洲岛是位于广州市东郊珠江出海口的一个江心岛，东南与番禺区新造镇小谷围广州大学城一桥相连，西北与海珠区、东北与黄埔老港隔江相望。水陆面积11.5平方公里，其中陆地面积8.5平方公里。

　　长洲岛在宋时已有村落。鸦片战争（1840年）前后，黄埔港口原在今海珠区黄埔村和琶洲村一带，由于黄埔洲和琵琶洲一带水域不断淤积变浅，逐渐向长洲深井一带转移，清同治年间（1862—1874年），黄埔港口和黄埔海关迁至长洲岛北岸，仍沿用旧名，长洲岛由此始称黄埔岛。

　　由于清政府自康熙时就规定外轮修理必须在长洲岛，严禁进入广州；乾隆时又指定黄埔为外轮唯一停泊口。因此长洲岛成为船舶修造中心和声名显赫的对外通商贸易口岸。长洲也是外资最早在中国办厂之地。长洲岛北岸的黄埔军校旧址和黄埔造船厂厂址便是鸦片战争后外国资本进入建造船厂的所在地。

深井村文物资源分布图

清政府实行"洋务运动"期间，于光绪二年（1876年）购买长洲岛的外资船坞用以扩大广东机械局，修理本省轮船，建造内河小轮船和炮艇。洋务运动要员在黄埔船坞兴办军事工业的同时，在于仁船坞旧址（后为黄埔军校校本部地址）创办军事教育基地，传授西方技艺。

辛亥革命后，民国政府延续长洲的军事工业和军事教育事业。民国元年（1912年），广东政府改广东水师工业学堂为"广东海军学校"，改陆军小学堂为"陆军小学校"。孙中山先生曾在海军学校讲话，训勉爱国、振兴海军。1924年，孙中山先生在陆军小学校和海军学校校址创办"陆军军官学校"，即黄埔军校，开创中国军事教育的新篇章，在中国近现代史和军事史上写下了重要一页。

长洲岛除保存有黄埔军校校本部外，还有俱乐部、孙总理纪念室、孙总理纪念碑、东征阵亡烈士墓园、北伐纪念碑、中正公园（黄埔公园）遗址、济深公园遗址、仲恺公园遗址、中山公园遗址、中正楼遗址、教思亭、袖海亭等一批与军校有关的史迹，还有蒋介石于1936年创办的"黄埔中正学校"遗址。

长洲村历史悠久，在中西方经济文化交流碰撞中，吸收西方先进文化，发扬中华传统文化，孕育出一代代历史人杰。长洲村（分上庄、下庄）有800多年的历史，元朝中期（约1330年左右）开村，村中立有"武城古道"牌坊（现在的牌坊为新制），村庄以街、坊、里、巷布局。

深井村古称"金鼎"，村中仍存建于明朝、刻有"金鼎"二字石匾的门楼。深井村占地面积30多万平方米，现在常住人口4300多人。村依山而建，以街、坊、里、巷布局。保留着具有明末清初建筑特色和风貌的祠堂庙宇10多座、镬耳式青砖石脚古老大屋34间，规模略小的还有百余间。祠堂屋顶、门面、梁架装饰考究，砖雕、灰塑图案优美生动，雕工精细。古民居建筑形式有三间两廊式、庭院式、碉楼式等，有些民居吸收并融合了西方建筑元素。该村还有文塔、古桥、古井以及建于清末民初的安来商业街，在清朝、民国时期是番禺县的名乡。

2000年12月13日，长洲村和深井村被公布为广州市历史文化保护区，公布名称为长洲镇。

黄埔军校大门（周展恒 摄）

黄埔军校教学楼连廊（周展恒 摄）

## 一、黄埔军校旧址

黄埔军校旧址位于长洲街梅园社区军校路，是孙中山在中国共产党和苏联的帮助下，为培养军事干部而创办的。开办于1924年6月16日，初名陆军军官学校，1926年3月改名为中央军事政治学校，1928年改名为国民革命军军官学校。因校址设在市东郊黄埔的长洲岛上，故通称黄埔军校。

黄埔军校几经沧桑，原有建筑环境改变很大，现存尚有：

黄埔军校大门。校门坐南朝北，前临珠江，是一座两柱牌坊式建筑，宽4.5米，顶部中间呈三角形，两边柱头为葫芦状，上挂"陆军军官学校"横匾，为谭延恺先生的手笔。1925年3月，孙中山逝世后，在大门围墙东西两侧刷上醒目的"革命尚未成功，同志仍需努力"的孙中山遗训。抗日战争时期曾被炸毁，1964年在原址上按原貌复原。

黄埔军校教学楼水塘（周展恒 摄）

黄埔军校教学楼（周展恒 摄）

学生餐厅（冯雄锋 摄）

学生宿舍（冯雄锋 摄）

孙总理纪念室（冯雄锋 摄）

中山公园（冯雄锋 摄）

校本部。1996年广州市政府决定复原重建校本部建筑，当年6月奠基，11月竣工，建筑面积1.06万平方米。校本部的校长室、总理室、各部办公室、课室、师生饭堂、宿舍等均按旧貌复原。

孙总理纪念室，俗称"孙中山故居"。位于军校大门西侧，坐北朝南偏东，是一幢2层楼房。平面为长方形，每层宽22.5米，深15.35米，面积345平方米。原是清政府在1685年设立的粤海关黄埔分关旧址。1917年孙中山在南下护法和开办黄埔军校时，曾在此憩宿。孙中山逝世后，这里改为孙总理纪念室。1984年6月，这里正式建立"黄埔军校旧址纪念馆"，馆名由北京黄埔军校同学会会长、军校第一期学生徐向前元帅题书。

孙中山纪念碑。位于孙中山故居南面山岗上。

中山公园旧址。位于孙总理纪念碑与孙中山故居之间。

1988年1月，黄埔军校旧址包括东征阵亡烈士墓园由国务院公布为全国重点文物保护单位。

孙中山纪念碑
（冯雄锋 摄）

白鹤岗炮台暗道（周展恒 摄）

白鹤岗炮台（周展恒 摄）

白鹤岗炮台（周展恒 摄）

白鹤岗炮台天井（周展恒 摄）

## 二、长洲炮台

长洲炮台位于长洲街长洲社区金洲北路和军校路一带。该岛面积约6平方公里，四面环水，山峦起伏，形势险要，是由狮子洋进入广州的门户，历来为兵家必争之地。鸦片战争时期设的长洲炮台与鱼珠炮台和沙路炮台，彼此成掎角之势。长洲炮台与沙路炮台之间还建有木桥相连，以便相互支援，加之珠江航道在该处筑有两道铁栅水闸，可阻敌舰进入。

长洲炮台建于清光绪十年（1884年），由两广总督张之洞倡议建造。炮台由白兔岗炮台、白鹤岗炮台、蝴蝶岗炮台、大坡地炮台、新西岗炮台、旧西岗炮台、四缝炮台组成，计炮位15座，置洋炮15尊。最大一尊炮的口径为24厘米，置于新西岗炮台。在各炮台中以主炮台白鹤岗炮台的规模最大。

1999年7月，被公布为广州市文物保护单位。

凌氏大宗祠（周展恒 摄）

## 三、凌氏宗祠

凌氏宗祠位于长洲深井社区丛桂西街3号。始建于明末，清道光二十六年（1846年）重建，同治元年（1862年）修葺。坐西朝东。三间三进，总面阔14.63米，总进深39.54米，建筑占地总面积578.47平方米。硬山顶，人字封火山墙，灰塑龙船脊，碌灰筒瓦。青砖石脚。前为街巷、旷地、水塘，左、右、后为民居。

宗祠是深井村凌氏始祖祠，供奉的凌厚峰是宋末元初组织民兵抗元收复广州的凌震的第四个儿子。2002年9月，被公布为广州市登记保护文物单位。

金鼎门楼（周展恒 摄）

"金鼎"石额（周展恒 摄）

## 四、金鼎门楼

金鼎门楼位于长洲街深井社区深井村丛桂东涌口直街，相传为明朝开村所建。坐西朝东。高4米，面阔3米，厚0.8米。硬山顶，陶瓷龙船脊，碌灰筒瓦，绿琉璃瓦剪边。前后是丛桂东涌口直街，左右是民居。

门楼全部用红砂岩砌筑，石门额阳刻"金鼎"二字，为古时该村乡名。据村民介绍，因门楼旁的山岗形似"金鼎"而得名。门楼背面石额刻"河涧锁钥"四字，现虽已被铲平，但仍依稀可见。该门楼顶部之龙船脊和绿琉璃瓦在20世纪90年代维修时更换。

在古时，门楼前面有条河涌，是该村的唯一入口。

本章参考文献：
①陈建华. 广州市文物普查汇编　黄埔区卷［M］. 广州：广州出版社，2008.
②竺培愚. 渐行渐远古村落：岭南篇［M］. 北京：经济科学出版社，2013.

# 12 横沙书香街

Shuxiang Street in Hengsha Village, Huangpu District

## 巷深不妨书香逸

　　横沙书香街是一条古色古香的街道。整条街长约250米，南北走向，街道内由20间私塾、书舍和公祠组成。这里集中了横沙村大部分的古建筑，尤其是家塾众多，这些家塾多装点以精致的园林及生动的雕塑，充满浓郁的书香气息，因此被称为书香街。书风在清咸丰年间（1851—1861年）最为鼎盛，塾徒曾达2000多人。祠堂家塾书舍的匾额题字多请名宦、学者或书画家书写。

　　1999年7月，横沙大街一带作为横沙民俗建筑群被广州市人民政府纳入广州市第五批文物保护单位。2000年12月，被公布为广州市历史文化保护区，公布名称为横沙街。

横沙书香街（林兆璋 绘）

横沙街文物资源分布图

壶天罗公祠（周展恒 摄）

# 一、壶天罗公祠

壶天罗公祠用地面积为615.96平方米，总建筑面积为550.95平方米。民国14年（1925年），壶天罗公祠设横沙乡小学。中共地下党员罗绮园在此以教师职业作为掩护，秘密联络发动附近乡民，开展农会活动，宣传革命思想。当时横沙、文冲、火村、夏园等乡有不少农民靠拢党外围组织。民国15年（1926年），几个乡的农民秘密成立了由中国共产党领导的农民协会，罗绮园曾带领会员到广州农民运动讲习所听课。农民协会还秘密组织会员参加广州起义农民赤卫队。

民国16年（1927年）12月11日，罗绮园率领横沙乡农民赤卫队参加广州起义，岂料队伍到达石牌村后就听到战斗已经打响，且起义已失败，此时，大家唯有保存实力，匿藏外地。

抗日战争时期，日军某警备司令部设在壶天罗公祠。1938年10月，日军进犯横沙，横沙村的爱国民众奋勇抗敌，然而，村民不敌日军，纷纷逃避他乡。日军就在横沙书香街的壶天罗公祠驻扎下来，将其作为警备司令部。此役，横沙村10人战死，村民打死日军72人。日军在司令部（壶天罗公祠）的墙上亦写上"此役皇军战死72人"。

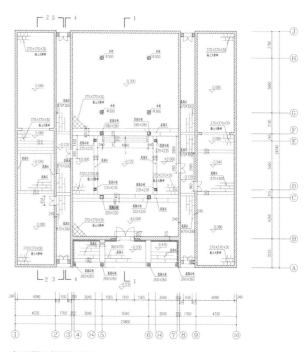

壶天罗公祠平面图

罗氏大宗祠（周展恒 摄）

## 二、罗氏大宗祠

　　罗氏大宗祠位于大沙街横沙社区福聚直街27号。始建于清康熙五十一年（1712年），清道光二十八年（1848年）及1994年重修。罗氏始祖罗贵，从河南省南迁至岭南珠江三角洲一带创基立业，此为罗贵公的祖祠。祠堂坐西朝东。三间三进，总面阔13.14米，总进深44.48米，建筑占地总面积584.47平方米。硬山顶，镬耳封火山墙，灰塑龙船脊，碌灰筒瓦，陶瓦当滴水剪边，封檐板浮雕人物花卉，两墀头砖雕人物。

　　民国23年（1934年），罗氏大宗祠曾为一五八师四七二旅驻地。日军侵华时期，改为日军学校。中华人民共和国成立初期，1952—1957年，是横沙乡人民政府办公所在地。

头门牌匾（周展恒 摄）

头门梁架（周展恒 摄）

首进天井（周展恒 摄）

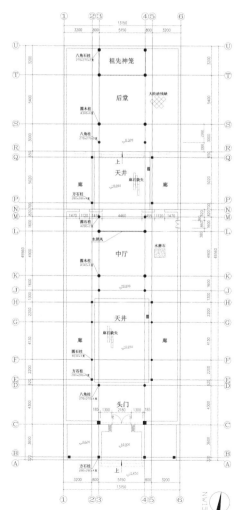

罗氏大宗祠平面图

罗氏大宗祠航拍（冯雄锋 摄）

斐士家塾头门墀头
（周展恒 摄）

斐士家塾（周展恒 摄）

"八仙贺寿"砖雕
（林兆璋工作室 提供）

## 三、斐士家塾

　　斐士家塾位于横沙社区福聚直街56号。始建于清咸丰六年（1856年）。坐东朝西。由前后两排隔天井相向房屋围合组成，三间两进，总面阔12.43米，总进深16.55米，建筑占地总面积205.72平方米。硬山顶，灰塑平脊，街墙上端有花鸟灰塑。凹斗门上封檐板木雕精美。头门石匾上的"斐士家塾"四个字为清代学者、书法家熊景星所书。家塾内一墙壁上有砖雕——八仙贺寿图，经过100年的风雨洗刷，仍能清楚看见当中人物栩栩如生的神态。

横沙乡人民公社食堂（周展恒 摄）

大门（周展恒 摄）

内景（周展恒 摄）

## 四、横沙乡人民公社食堂

横沙乡人民公社食堂位于大沙街横沙社区横沙大街。建于1959年。坐东朝西。面阔三间12.5米，深七间22.5米，建筑占地面积281.25平方米。正间为大门，两门柱半圆形，拱形门，上方有颗油漆凸现的红五星。左次间开窗（已封堵）。屋内正间两边各纵列6根方形砖柱，组成金字梁架承重。后左次间砌墙为厨房。原有直径0.27米的水井，现已填塞。地面为红阶砖。

庭院照壁（冯雄锋 摄）

入口门楼（冯雄锋 摄）

## 五、功甫家塾

功甫家塾位于大沙街横沙社区横沙大街流光巷2号，是一间庭院式的大宅。始建于民国19年（1930年）。坐西朝东。三路三进，总面阔13米，总进深15米，建筑占地总面积约195平方米。头门是一座更楼式建筑，为更夫居住。穿过头门是一个占地300多平方米的庭院。院子的西北面有古井一眼，井边有一株槟榔树，如直柱擎天。东北面有一株古玉兰树，树高数丈，状如华盖。东边的高墙中间，有直径2米的团寿纹灰塑，旁边有一副对联，上联为"隔岸晓烟杨柳绿"，下联为"满园春色杏花红"。字下有一长方形荷花池。院子中还栽有爪兰、白玉兰和人参果。庭院西边尽头是功甫家塾建筑。

主楼大门麻石相夹，门匾上书"功甫家塾"四个大字，刚劲有力。主楼左右分门厅、神厅和过廊相连，神厅用于祭祖兼学堂，是子弟读书之处。主楼左右旁分上下2层，是主人起居之地。南边有一青云巷直通到底，把厢房与边房隔开，厢房是主人会客之地。纵观功甫家塾的建筑模式，具有广州西关大屋的风格。

灰塑（冯雄锋 摄）

花盆（冯雄锋 摄）

主楼回望庭院（冯雄锋 摄）

本章参考文献：
①陈建华. 广州市文物普查汇编　黄埔区卷［M］. 广州：广州出版社，2008.
②竺培愚. 渐行渐远古村落：岭南篇［M］. 北京：经济科学出版社，2013.

主楼（冯雄锋 摄）

主楼天井（冯雄锋 摄）

主楼正殿（冯雄锋 摄）

主楼装饰（冯雄锋 摄）

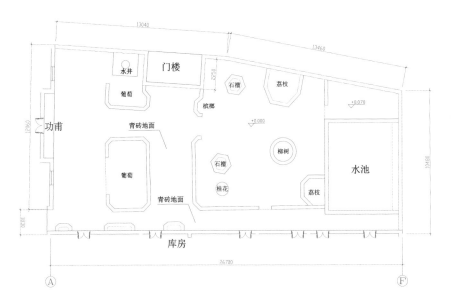

花园平面图

南湾村村景（周展恒 摄）

# 13 南湾村
## Nanwan Village, Huangpu District

### 南湾水乡擅岭南

　　南湾村位于东街南基社区。东南面是广州经济技术开发区，西南面是珠江河、庙头村，北面是龙头山，广深公路（黄埔东路或107国道）由西向东从村北边缘通过，交通十分便利。

　　南湾村开村于明洪武二十九年（1396年），全村依山傍水，现有常住人口8000余人。南湾村古时称西湾，与黄木湾相接，属东江水系。南湾河涌横贯该村，汇入珠江，全长约4000米，涌面宽约30米，水深4米，发源于云塔母山、大窿园岗等几座大山。村内古建筑主要有古宗祠、古街巷、古青砖屋、古堤、古桥、古树等，全村富有浓郁的南国古村落风韵。

秋枫古堤航拍（冯雄锋 摄）

南湾公园牌坊（冯雄锋 摄）

南湾村民国小洋楼（周展恒 摄）

风水塔（周展恒 摄）

　　南湾村的古街巷、古民居现仍保存完好。古民居的构造非常讲究，全部都是青砖石脚屋，大部分仍住着人家。古街巷主要有南约大街、新街大街及皆佳街、重光里、廉江里、龙泉里和履理里等。尤其是南约大街，全长300余米，街面用花岗岩石铺砌，街两旁大部分是镬耳封火山墙、青砖石脚古屋。

　　南湾村历史上出过不少名人，麦瑞（字胜泉）在清道光年间高中第八名举人，麦信坚1914年任中华民国交通部次长，麦炳荣是著名粤剧撰曲家和表演艺术家。历史上曾到过该村的有东江游击队分区司令袁华照、十九路军军长蔡廷锴、广东省参议林冀中等。南湾村拥有丰富的历史文化资源，具有较高的历史、科学、文化、艺术价值。

人民会堂红星和题字（冯雄锋 摄）

人民会堂（周展恒 摄）

人民会堂灰塑对联
（冯雄锋 摄）

人民会堂和护龙古庙的位置关系（冯雄锋 摄）

## 一、人民会堂

　　人民会堂位于穗东街南基社区南湾村朝阳北街1号。始建于1957—1958年，后又陆续加建。坐北朝南。面阔18米，深46.5米，建筑占地面积837平方米。会堂为全盖顶金钟架戏院式建筑，屋顶两斜坡瓦面，红砖墙。前为旷地、街巷，右为榕影大街，左为南湾公园，后为民居。

　　会堂大门开南侧，门前两砖柱支承混凝土平盖顶。门两侧墙上部有"文化大革命"时期绘制的"四海翻腾云水怒，五洲震荡风雷激"灰塑对联。室内有看台、舞台、后台。会堂可容纳近800人。现保存尚好，供村民使用。

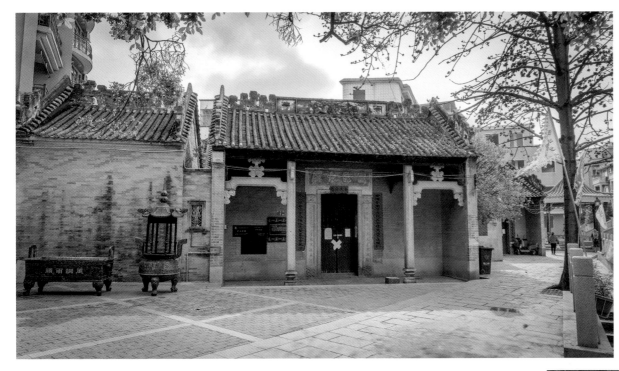

护龙古庙（周展恒 摄）

## 二、护龙古庙

护龙古庙位于东街南基社区南湾村榕影大街1号。始建于清光绪二十一年（1895年）。坐北朝南。三间两进，总面阔6米，总进深20.6米，建筑面积123.6平方米。硬山顶，人字封火山墙，灰塑博古脊，碌灰筒瓦。青砖石脚。前、左为旷地、街道、南湾涌，右、后为民居。

山门面阔三间。前廊两根檐柱为方形花岗岩石柱，莲花形石柱础。虾公梁上施花岗岩石驼峰，梁下施雀替，封檐板木雕精美。大门石门额阴刻"护龙古庙"。

护龙古庙除了主奉北帝外，庙内还供奉观音、圣母、华佗、财帛星君等10余座神像。在光绪三十三年（1907年），南湾曾经发生过一次大瘟疫，村人从三水请来芦苞北帝镇邪。瘟疫过后，村民们掷圣杯，让芦苞北帝显示去留意向，结果连掷三次，芦苞北帝均表示愿意留在南湾，从此南湾护龙古庙便形成一庙两个北帝的奇观。

虾公梁驼峰（周展恒 摄）

头门梁架（周展恒 摄）

墀头砖雕（周展恒 摄）

麦氏宗祠（周展恒 摄）

头门梁架（周展恒 摄）

## 三、麦氏宗祠

　　麦氏宗祠位于穗东街南基社区南湾村南约大街27号。始建于明代，清道光十一年（1831年）重修。坐北朝南。三间三进，总面阔11.5米，总进深42.96米，建筑占地总面积494.04平方米。硬山顶，镬耳封火山墙，灰塑龙船脊，碌灰筒瓦，木雕封檐板。青砖石脚。前为南约大街、旷地、鱼塘，左、右、后为民居。

　　头门面阔三间11.5米，深两间7.3米，建筑面积83.95平方米。前廊两石檐柱，做工精细。虾公梁上施石狮驼峰、蝙蝠斗栱，石狮呈敛爪奔姿。墀头有精美砖雕。大门石门额刻"麦氏宗祠"。两次间筑塾台。门前三级踏跺，边设垂带抱鼓石。

　　中堂前天井设有石晒书台，天井铺花岩石。天井两侧为六架卷棚廊，各有两石檐柱。

　　中堂面阔三间11.5米，深三间8.9米，共十五架，建筑面积102.35平方米。前后各两根石檐柱，双步梁，梁底雕花。明间后设木屏门，上端挂木匾，题"序睦堂"。

　　后堂面阔三间11.5米，深三间9.7米，共十五架，建筑面积111.5平方米。4根坤甸木金柱（据传子弹打不入），石柱础。明间后神龛内分级立木神主牌，前设案台、香炉。神龛前上端悬挂长木匾"宿国流芳"。

　　该宗祠保存完好。

中堂天井，平台又称"晒书台"（周展恒 摄）

壁画（周展恒 摄）

中堂坤甸木柱（周展恒 摄）

中堂脊檩木刻（周展恒 摄）

敬祖麦公祠（周展恒 摄）

# 四、敬祖麦公祠

敬祖麦公祠位于东街南基社区南湾村南约大街17号。建于民国5年（1916年）。坐北朝南。三间三进，总面阔11.5米，总进深37米，建筑占地面积425.5平方米。硬山顶，镬耳封火山墙，灰塑博古脊，碌灰筒瓦。红阶砖地面。前为旷地、南约大街民居，左、右、后为民居。

头门面阔三间11.5米，深两间6.3米，建筑面积72.45平方米。前廊三步梁，梁架斗栱刻花纹，造工精湛。前檐两石檐柱，束腰柱础，造工精细。虾公梁施驼峰，封檐板刻花鸟、人物、走兽等图案。墙上端有壁画，墀头有砖雕。大门石门额阴刻"敬祖麦公祠"。两次间设塾台，正面下部镶雕花花岗岩石板。祠前施三级踏跺，边设垂带抱鼓石。

中堂面阔三间11.5米，深三间8.5米，共十三架，建筑面积97.75平方米。前后各有两石檐柱，施双步梁。4根坤甸木金柱，石柱础。木月梁，梁底雕花。明间后设屏门，屏门上端挂木匾"贻燕堂"。堂前设三级花岗岩石阶。

屋脊灰塑（周展恒 摄）

头门塾台石雕（周展恒 摄）

头门虾公梁（周展恒 摄）

后堂（周展恒 摄）

后堂木牌匾（周展恒 摄）

后堂面阔三间11.5米，深三间8米，共十三架，建筑面积92平方米。4根坤甸木金柱，石柱础。明间后设神龛，摆木神主牌。神龛上挂木匾"延英济美"，落款"麦志仁书"。后堂比前天井高0.9米，可供演戏之用。两次间前砌三级花岗岩石台阶。

全祠设左右卷棚廊，天井铺花岗岩石板。

公祠现保存完好。

李鸿章手书匾额（周展恒 摄）

## 五、麦信坚故居和初泰麦公祠

麦信坚故居位于东街南基社区南湾村皆佳街3号，坐北向南，三间三进，总面阔9米，总进深9.7米，建筑总占地面积87.3平方米。硬山顶，镬耳封火山墙，灰塑博古脊，碌灰筒瓦。青砖石墙脚。

麦信坚为南湾村人，曾任北洋医务局医官，驻德使馆二等参赞，天津工程局坐办，电车、电灯公司董事长及招商局总办兼电报局总办，交通部次长。

初泰麦公祠位于东街南基社区南湾村皆佳街5号，紧邻麦信坚故居。始建于清光绪二十五年（1899年）。坐北朝南。三间两进，总面阔15.5米，总进深9.6米，建筑占地总面积148.8平方米。硬山顶，镬耳封火山墙，灰塑博古脊。青砖石脚。头门石门额阳刻"初泰麦公祠"，上款"光绪己亥仲春"，下款"李鸿章书"。

李鸿章题书的石门额有来历。据村民介绍，南湾村人麦信坚就任北洋医务局医官时，曾治愈慈禧太后和李鸿章的顽疾。为此，李鸿章答应其请求，为麦氏的祖祠题书祠额。

祠堂是南湾村麦氏长房的祖祠，曾作为子弟私塾读书处。现保存完好，并空置。

初泰麦公祠和麦信坚故居（周展恒 摄）

秋枫古堤（周展恒 摄）

## 六、秋枫古堤

秋枫古堤位于东街南基社区南湾涌北侧。始建年代待考。古堤东西走向。全长约200米，宽7～10米。北侧为水塘，南侧为南湾涌，为南湾村进出主要通道。

古堤两侧用花岗石砌筑，堤上有数株古榕树，两株古秋枫树。古秋枫树高达10余米，树干需4个成年人才能合抱，是广州市的古树名木，有200多年树龄。古堤东端摆有许多花岗岩石凳条，供村民平日在此闲聊、对弈。古时村里许多民间文化活动，如讲故事、天后诞抢花炮、北帝诞搭棚演大戏、端午节龙舟赛等都在古堤一带举行。

据村民介绍，古堤是南湾村麦氏祖祠的"横腰紫带"，是一块风水宝地。现时为村民乘凉、娱乐的好去处。

南安市旧址（周展恒 摄）

## 七、南安市旧址

南安市旧址位于穗东街南基社区南湾村南安正街，又名南石市。建于民国元年（1912年）。南北走向。长约170米，宽20米。其建筑物大多为青砖灰瓦平房，布局规整，现仍保存40多间旧商铺建筑。南安市是民国初期黄埔一带的水产品集散地，伴随着近代航运业的发展，其时水产交易规模日渐扩大，体现了民国初期该地水产市场的实际状况，对研究当时农村圩市商业经济有一定的价值。1994年6月，被公布为黄埔区文物保护单位。

本章参考文献：
①陈建华. 广州市文物普查汇编　黄埔区卷［M］. 广州：广州出版社，2008.
②竺培愚. 渐行渐远古村落：岭南篇［M］. 北京：经济科学出版社，2013.

# 14 莲塘村
Liantang Village,
Huangpu District

莲塘村（林兆璋 绘）

清濯桥（周展恒 摄）

## 玄武山下书风盛

　　莲塘村位于九龙镇九佛片区九太公路旁，距帽峰山4公里，距武台山3公里，距九佛圩2公里，九太专线客车在村旁经过，交通甚为便利。始建于宋端宗景炎年间（1276年），村民多为陈姓。古村坐东朝西。长180米，宽90米，面积16200平方米。背靠玄武山，村前有一口1.07万平方米的大鱼塘，花岗岩石板街面，村头有镇南楼，村尾有镇北楼（两座楼为防盗之用，已被毁，仅留地基），村中有时四陈公祠、鸿佑家塾、罗祖家塾、小堂家塾和多间商铺。

　　全村有5条古巷，用花岗岩石板铺砌巷道，各巷口建有门楼，楼檐下有灰塑图画，正中石匾刻有巷名，分别为荣华里、人和里、中和里、平安里、长安里。村内仍有五龙过脊民房60余座，前两排为青砖人字山墙，其余为黄泥土坯混合墙体，悬山顶，平脊。

　　随着生活的改善，村民已陆续另择地建楼而居，古村现已很少有人居住，不少房屋残破、倒塌。

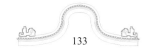

莲塘村航拍（冯雄锋 摄）

莲塘村建筑分布图底关系

时四陈公祠（冯雄锋 摄）

中堂（冯雄锋 摄）

# 一、时四陈公祠

时四陈公祠位于莲塘村内，为莲塘村陈姓祖祠。始建于清光绪二十五年（1899年）。该祠坐北朝南。面阔三间25.5米，深三进37.7米，占地面积961米。左右两侧为衬祠。硬山顶，灰塑博古脊，青砖镬耳山墙，碌灰筒瓦，封檐板木雕花草，黄陶瓦剪边。

正间头门面阔三间13.5米，深两间7.4米，十五架。前后各两根石檐柱，驼峰斗栱，雕人物花草，虾公梁上有石狮承重，砖雕墀头，祠前檐下马鞍形垂带四级台阶。

中堂面阔三间13.5米，深三间10米，十五架。前后各两根石檐柱，中间4条金柱。

后堂面阔三间13.5米，深三间8.3米，十五架。檐口两条石柱，中为4条金柱。

祠内进与进之间用天井和两廊连接。天井宽6.5米，深6米。两廊各宽3.5米，深与天井同。六架卷棚顶。

屋脊和封檐板装饰（冯雄锋 摄）

灰塑博古脊（冯雄锋 摄）

墀头砖雕（冯雄锋 摄）

莲塘营部第二食堂（冯雄锋 摄）

## 二、莲塘营部第二食堂

　　莲塘营部第二食堂位于时四陈公祠东侧。1958年人民公社运动后，由民居改造为食堂。坐北朝南。面阔三间11.8米，进深37米，占地面积436.6平方米。青砖墙。门面立4根砖砌凸柱，素身无线脚。上下两行直棂窗，上行高度较矮，窗头皆施挑檐。南立面上部设山花，黑底，黄色灰塑文字"莲塘营部第二食堂"，中部灰塑红星一颗。

时四陈公祠和莲塘营部第二食堂（冯雄锋 摄）

本章参考文献：
①陈建华. 广州市文物普查汇编　萝岗区卷［M］. 广州：广州出版社，2008.
②竺培愚. 渐行渐远古村落：岭南篇［M］. 北京：经济科学出版社，2013.

莲塘第一人民食堂（冯雄锋　摄）

## 三、莲塘第一人民食堂

　　莲塘第一人民食堂位于莲塘村的北面。建于1958年。坐东朝西。面阔三间14.6米，深八间27.7米，占地面积404.42平方米。立面为仿西方建筑风格的拱门，门楣上方书写有"人民食堂"，上有一个五角星。砖、瓦、木结构，硬山顶，灰塑平脊，大小瓦盖顶。内有一阁楼。中部为食堂，后部为厨房。有红砖柱14条，窗口34个，每间二十三架梁。灰砂地面。后墙厨房倒塌，属危房。

　　莲塘第一人民食堂为当地集体食堂，是1958年"大跃进"时期的产物，全民在食堂集中吃大锅饭，吃饱三餐不用钱，后难以为继。1961年食堂解散，村民各自归家煮食。

山花（冯雄锋　摄）

水西村街景（林兆璋工作室 提供）

# 15 水西村
## Shuixi Village, Huangpu District

## 曾经的官宦名流云集之地

水西村位于黄埔区萝岗街西北约3公里，北距广汕路1公里。坐北朝南，背靠神仙山。山上果林参天，村前有一大水塘，塘边果木相映，萝平路在村前通过，大陂河在村东流过。全村长约500米，宽约120米，面积约6万平方米。这里先秦时期已有人居住，明代随着萝岗钟姓人口的逐步增加，钟氏九世（钟琏，号西翠）从萝岗岗潮分居到现址，经过不断发展和人口的增多才形成村落，至今已有600余年。现该村常住人口3000余人，多为钟姓。村内历代有人在朝中为官，达官显贵不少。周围生态环境良好，青山环抱，土地肥沃，可耕地面积460多万平方米。水力资源丰富，村民拦河筑坝，开圳筑渠，自流灌溉，不惧洪涝。

水西村历代以农为本，以果为业。崇尚礼仪，热心教育，文化底蕴深厚，因而在村落的建设过程中颇费心思。首先做好规划，达到整齐形成一字街，梳式布局，一条麻石街道横贯全村。正面一片古祠、书塾横向铺开，10余条古巷连接各家各户，120余家民居均为三间两廊建筑，大小规格一致，清一色青砖、石墙脚、镬耳封火山墙，远看蔚为壮观。虽经数百年的风雨侵蚀，古民宅大部分保存完好（初步估计保存完好的还有89余间）。祠堂、厅堂建筑各异，设计新颖，用工精巧，金木雕刻、砖雕泥塑皆巧夺天工。

根据萝岗钟氏族谱记载，水西是萝岗区钟姓七世三房元广的分支，俗称"三房"。自明至清，有功名的达30多人，这些达官显贵对当地的文化、经济和生产发展起着重要作用，当时能建成这样统一标准的民居，显示了村民雄厚的经济实力。

水西村现状航拍（冯雄锋 摄）

墀头砖雕（周展恒 摄）

润峰祖祠（周展恒 摄）

润峰祖祠航拍（冯雄锋 摄）

# 一、润峰祖祠

润峰祖祠位于水西村水西大街35号。始建于清，是水西村钟姓祖祠。坐南朝北。面阔三间13.5米，深三进35米，占地面积472平方米。龙船脊，人字封火山墙，碌灰筒瓦，雕花封檐板。青砖石脚墙。

头门面阔三间13.5米，深两间6.4米，十三架。左右两侧为花岗岩石砌包台，檐口4条石柱，虾公梁有石雕狮子，砖雕墀头（已损坏），驼峰上4层木架梁，为龙形金木雕刻，莲花形斗栱。木夹门口高矮门，门口两侧各有高磴石鼓衬托（鼓高2米，宽0.7米）。大门上方曾挂"润峰祖祠"木匾，大门两侧原有"北极环峰翠，西源演绎祥"木刻楹联，现已失去。

中堂为拜亭，有六级台阶，亭宽8米，深5.1米，八柱台梁，重檐歇山顶，九脊。檐口4条石柱，中间4条木柱（据乡民说，该亭大风吹得动，风停又复原，经历数百年风雨仍屹立不倒）。亭前后为天井，东西两廊各宽2.5米，深18.1米，贯通全祠，两边檐口各6条石柱承重，博古脊，雕花封檐板。

后堂面阔三间13.5米，深三间10.5米，十五架。檐口两条石柱，中间4条金柱（东面前金柱已被虫蛀），后进前檐下加砌红砖间断遮挡风雨，影响后座建筑通风。

现建筑保存完好。

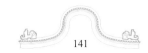

头门梁架（周展恒 摄）

柱础（周展恒 摄）

润峰祖祠中庭（周展恒 摄）

中庭拜亭（李沃东 摄）

拜亭屋顶（李沃东 摄）

昆山祖祠（周展恒 摄）

头门虾公梁石狮（周展恒 摄）

昆山祖祠前地旗杆夹（周展恒 摄）

## 二、昆山祖祠

昆山祖祠位于水西村东水西大街1号，是水西村钟姓祖祠。始建于明，清乾隆四年（1739年）重修。坐南朝北。面阔三间13米，深三进42米，占地面积546平方米。东面青云巷悬匾名"蹈和"，西面青云巷悬匾名"履中"。博古脊，人字封火山墙，碌筒瓦面，雕花封檐板。青砖石脚墙，红阶砖地面。

头门面阔三间13米，深两间7米，十三架。檐口4条石柱，虾公梁，驼峰斗栱，青砖对缝。左右两包台各宽3.7米，深3.2米，正中大门口为木夹高矮门。矮门宽2米，高1.4米。门前有两高石鼓衬托，大门上木匾额书"昆山祖祠"四字。匾外两挑头各有一人像木雕（俗称状元公婆），虾公梁上各雕有一石狮子承托上梁，有雀替。柱挑头各有一石雕鱼，两侧头为砖雕图案（部分已被破坏）。前堂后檐口两条柱，穿插木梁架。

中堂面阔三间13米，深三间10米，十五架，8条柱（上下檐口柱为石柱，中间金柱），后金柱中间原有12扇屏风门挡隔，现已被拆除。屋顶为龙船脊，灰雕图案，原有一对鳌鱼（已失去）。

后堂面阔三间13米，深三间10米，十五架，8条柱。中间后墙原有一神楼供奉祖先神位（已被拆），花岗岩石砌楼座保存完好。神楼前有一对雕花屏风装饰，屋脊为龙船脊，灰雕图案。

昆山祖祠中堂（周展恒 摄）

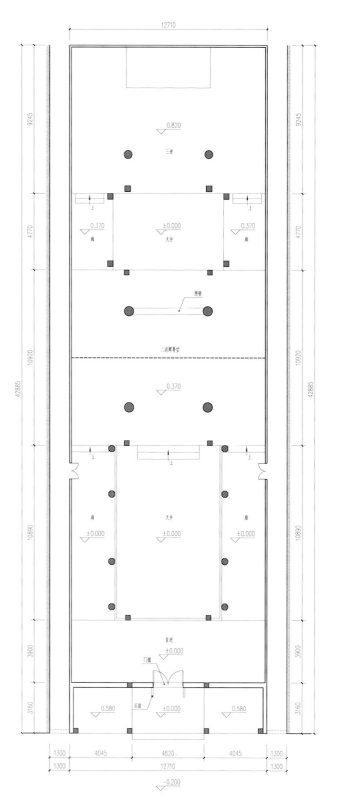

首层平面图

昆山祖祠后堂（周展恒 摄）

抱虚公祠（周展恒　摄）

头门梁架（周展恒　摄）

昆山祖祠和抱虚公祠航拍（冯雄锋　摄）

# 三、抱虚公祠

抱虚公祠位于水西村水西大街3号。始建于明，清光绪十八年（1892年）重修，是水西村钟姓祖祠。坐南朝北。面阔三间13米，深两进28米，占地面积364平方米。东面青云巷，与昆山祖祠为邻，西为明巷。博古脊，人字封火山墙，碌灰筒瓦，雕花封檐板。大红阶砖地面，青砖石脚墙。

头门面阔三间13米，深两间7.5米，大门上石刻"抱虚公祠"四字。石门夹，有门墩。大门宽1.8米，檐口两条石柱承重，虾公梁上有石雕吉祥构件，驼峰木雕图案做梁架。两侧墀头已损坏，花岗岩石板砌地面。

后堂前天井两廊连接，天井宽7米，深11米。花岗岩石板砌地面。两廊宽3米，深11米，檐口4条方石柱承重，博古纹式廊脊。

后堂面阔三间13米，深三间9.5米，十三架。前檐下两条石柱，后墙两条砖柱，中间4条金柱承重。现仍存"怀远堂"牌匾一块，匾上款刻"光绪壬辰"，中刻"怀远堂"三字，下款刻"裔孙莹章敬书"。祠堂保存完好。

远亭家塾（周展恒 摄）

门匾（林兆璋工作室 提供）

头门墀头砖雕
（林兆璋工作室 提供）

## 四、远亭家塾

远亭家塾位于水西村水西大街9号。始建于清。坐南朝北。面阔三间12米，深三进21.5米，占地面积258平方米。开侧门，石门夹上方刻"远亭家塾"四字。硬山顶，博古纹式脊，镬耳封火山墙，碌灰筒瓦，雕花封檐板，青砖石脚墙。

前堂面阔三间12米，深一间3米，七架。为4条石柱木楼，二层用梁架承重，左右为房间，木楼梯，木雕栏杆，砖雕墀头。

中堂前天井宽6.6米，深2.7米，花岗岩石板砌成。东廊存有碑刻，记述主人钟逢庆生平。西廊为大门口。

中堂面阔三间12米，深三进7.3米，十三架，8条柱，中间有木屏风挡隔。

中堂后天井宽6米，深3.5米。两廊各宽3米。

后堂面阔三间12米，深5米，九架。东西两侧为房间。建筑现保存完好。

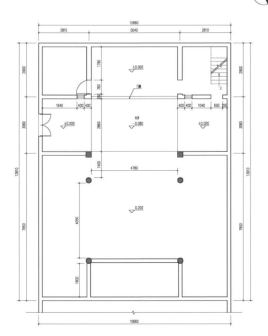

首层平面图

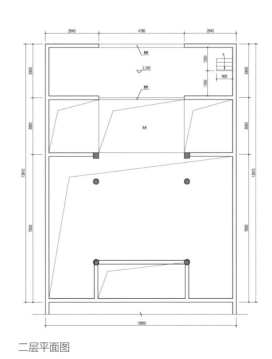

二层平面图

中堂回望前堂（周展恒 摄）

首进天井（周展恒 摄）

前堂二楼（周展恒 摄）

木栏杆（周展恒 摄）

远亭家塾碑文（周展恒 摄）

碑文局部（周展恒 摄）

流米井（周展恒 摄）

## 五、流米井

流米井位于水西村西神仙山（土名"石碌坳"）脚下，俗称担水氹。始挖于何时已无从稽考，从宋代居民在该地定居下来开始，一直饮用该井水。清代人口渐多，至今井水尚可自流，水质清澈甘甜。民间传说该井原先流水亦流米，故称为"流米井"。所流之米供神仙山的仙人及书童食用，书童每天到井边取米，所流出之米不多不少，仅够他们一天所用，后来书童贪图方便，想一次取两天的米，用木棍扩大泉眼，从此不再流米而流白沙。但该泉水终年长流不绝，供村民食用，几百年来从未间断，至今仍为村民所使用，现"流米胜迹生旺龙泉之神"石碑仍在。

本章参考文献：
①陈建华. 广州市文物普查汇编　萝岗区卷 [M]. 广州：广州出版社，2008.
②竺培愚. 渐行渐远古村落：岭南篇 [M]. 北京：经济科学出版社，2013.

花都区

Huadu District

# 16 塱头村
## Langtou Village, Huadu District

塱头村街景（周展恒 摄）

塱头村村口牌坊（冯雄锋 摄）

## 以仁立村，以廉立世——广府的耕读文化圣地

塱头村村民多姓黄。先民于南宋年间从福建迁湖北江夏，再徙江西。塱头村一世祖黄居政从江西迁至广东韶关南雄珠玑巷；直至七世祖黄仕明之前，先祖们一直生活在炭步镇水云边靠养鸭谋生。

相传一日七世祖黄仕明牧鸭，遇一饥饿难民，黄公以礼待之，不料此人竟是宋朝鼎鼎有名的风水先生赖布衣。为答谢救命之恩，风水师为其觅得一块风水宝地，并说："这里南有泽地，北有土岗，将'朗'加'土'字为'塱'，去'溪'字留'头'字，居屋建于岗头临水之边，意为'头啖汤'，称之'塱头村'可也"。塱头村从此立村，七世祖黄仕明是塱头村的开村者。

十一世祖黄宗善是塱头村的扩建者。他与三个儿子共同扩建塱头村，才使塱头村有了现在的布局。

塱头村文物资分布图

塱头村巷道门楼（周展恒 摄）

塱头风情（冯雄锋 摄）

　　塱头古村分塱东、塱中和塱西三社，其中塱东社和塱中社相连，与塱西社以一条名叫"深潭"的小河涌相隔，南面原是大片湖泽。建筑坐北朝南，布局规整，而且规模宏大，建筑占地6万多平方米，至今仍保存380多座古建筑（含明清年代近200座保存比较完整的青砖建筑）。塱东、塱中社阔约210米，塱西社阔约170米。由塱东至塱西长约400米的村面，整齐排列了20多间书院、书室以及8座公祠。单体建筑以宽1~3米的巷道相隔，现存古巷18条。村前地坪宽阔，地坪上有3口古井及3口半月形水塘，面积约3.5万平方米。塘基种满荔枝树、龙眼树和榕树，与村头、村尾、村后数棵参天古榕和木棉树环抱村子。

　　塱头村学风淳厚，历代以来，全村科考及第的秀才有15名、举人10名、进士12名，为广东之最；廉风淳厚，十四世祖黄皞不畏权贵，秉公执法，仕途几起几落，最终沉冤得雪，被皇帝赐封为"铁汉公"，赐建"接旨亭""青云桥"，名扬花县！

塑头村航拍（冯翠桦 摄）

谷诒书室（周展恒 摄）

头门驼峰异形斗栱（周展恒 摄）

# 一、谷诒书室

　　位于塱头村塱中社的谷诒书室为该村奉直大夫黄谷诒所建。黄谷诒（1777—1857年）为塱头村黄氏第二十二世祖，原名黄挺富，字友，号谷诒，别名剃刀友。清道光年间，捐献家财救济灾民，被赐封奉直大夫，从五品官阶。谷诒书室是他为村里的学子捐建的。

　　谷诒书室始建于清道光六年（1826年），1999年重修。坐北朝南，三间两进，建筑占地268平方米。镬耳封火山墙，灰塑博古脊，碌灰筒瓦，青砖墙，花岗岩石脚，红阶砖铺地。整个书室梁架、檩枋、木柱均为坤甸木料，还有石雕、木雕、砖雕、灰塑、壁画等精湛工艺。据说该书室均由水磨青砖砌成，在当时，一名工人一天只能产出6块青砖。谷诒书室的建成，是财富的象征。大门前廊梁架梁底雕花，有鳌鱼托脚、斗栱，柁墩雕刻多组戏曲人物、缠枝花草、花鸟虫鱼等图案；挑头人物为花岗岩石雕，有"雷公电母""和合童子"等造型；门口的虾公梁通体饰有层次复杂的缠枝牡丹花纹浮雕；梁下雀替透雕八仙人物造型；墀头砖雕如意斗栱、戏曲人物、花草瓜果等纹饰，两侧分别刻篆体"文章华国""诗礼传家"八字。大门镶嵌花岗岩石门夹，门额有绳边缠枝花草浮雕，中间阴刻"谷诒书室"。两次间砌墙间房，花岗岩石门夹、石脚。左侧房墙嵌砖雕门官神龛。墙上绘"东坡执琴图""五贵图偶书"等壁画。前廊次间嵌高1米的石栏杆，雕刻蝙蝠、花卉等纹饰。两门墩浮雕蝙蝠、鹿、雀鸟、狮子、麒麟等纹饰。门面水磨青砖墙，嵌高1.7米的花岗岩石脚，台基高0.6米，五级石阶。

虾公梁雀替（周展恒 摄）　　虾公梁石狮（周展恒 摄）　　　　　头门栅栏石雕

门墩（周展恒 摄）　　　　　挑头人物石雕（周展恒 摄）

墀头"诗礼传家"砖雕（周展恒 摄）　　墀头"文章华国"砖雕（周展恒 摄）　　头门后廊厢房（周展恒 摄）

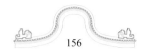

侧廊屋脊灰雕，可见西洋建筑痕迹（周展恒 摄）

后堂前带两庑，各面阔三间，六架卷棚顶，前设两架轩廊，灰塑博古脊。博古脊上能清晰地看到有西方古堡、罗马大圆窗等典型的西方元素，这是塱头村唯一有西式风格的建筑物。

2005年9月，被公布为广州市登记保护文物单位。

侧廊檐柱挑头人物（周展恒 摄）

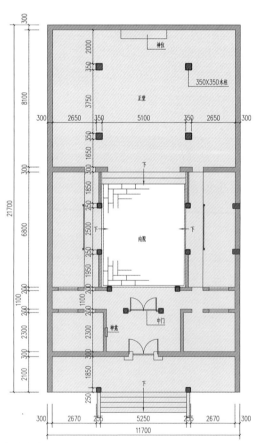

谷诒书室平面

## 二、"履中蹈和"门楼

　　"履中蹈和"门楼位于塱头村塱中社西侧。始建年代不详。坐北朝南，楼高2层，面阔3.6米，进深4.3米，高约9米，建筑占地16平方米。硬山顶，碌灰筒瓦，青砖墙，楼顶四周砌女儿墙。

　　首层开两门，东门石门额书"居仁由义"；西门嵌花岗岩石门夹，石门额阴刻"履中蹈和"，门额上方绘有壁画，上书"民国乙丑年十月重修"。楼内第二层为杉木板面，东、西、南三面均开两个嵌花岗岩窗框的小窗。窗内宽外窄，具防卫作用。

牌匾（周展恒 摄）

"履中蹈和"门楼（冯雄锋 摄）

## 三、积墨楼

积墨楼位于塱头村塱东社积墨楼巷。屋主黄谷诒。建于清道光年间。积墨楼巷南北向，宽1.72米，深49米，花岗岩条石铺地。巷头有门楼，门额上书"积墨楼"三字；巷尾用青砖封砌，防卫功能好。这组民居群共有8座建筑，坐北朝南，分两路，每路4座排列在里巷两边。

右路房屋前后共有4座，均为三间两廊，每座面阔12.2米，进深10.8米，建筑占地141平方米。镬耳封火山墙，灰塑龙船脊，碌灰筒瓦，仰莲出檐灰塑精美，青砖墙，花岗岩石脚，红阶砖铺地。最北一座用于主人存放财物，嵌高2.2米的花岗岩石脚，夹墙镶嵌花岗岩条石。大门为整块坤甸木板，门槛和门顶压条均为铸铁，门面镶嵌花岗岩条石，门夹厚0.8米，趟栊和两边的插孔均包铁皮。厅堂分为里外两进，以神龛相隔。天井围墙中部有砖雕天官，阳刻"天官赐福"。

左路房屋前后共有4座，每座面阔单间4.9~5.6米，进深两间9.6~11.6米不等，建筑占地约85平方米。硬山顶，灰塑龙船脊，碌灰筒瓦，花岗岩墙角。厅堂共十七檩，有神龛；两廊三檩单坡顶。其余几座结构基本相同。

门楣灰塑（周展恒 摄）

积墨楼门口仰莲叠涩出檐（周展恒 摄）

积墨楼巷门楼
（周展恒 摄）

积墨楼天井（周展恒 摄）

天官及楼梯（周展恒 摄）

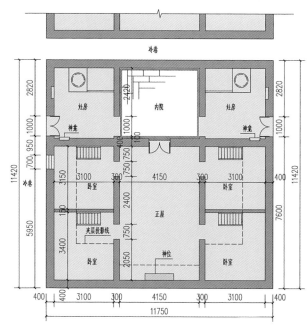

积墨楼平面图

友兰公祠（周展恒 摄）

# 四、友兰公祠

友兰公祠航拍（冯雄锋 摄）

友兰公祠位于塱头村塱西社。该祠供奉十五世祖黄学基（1468—1529年），号友兰，为乡贤黄皞的长子。始建年代不详，清嘉庆六年（1801年）、民国16年（1927年）重修。坐北朝南，三间三进，总面阔12.2米，总进深39.4米，建筑占地502平方米。人字封火山墙，灰塑博古脊，碌灰筒瓦，青砖墙，花岗岩石脚，红阶砖铺地。门前地坪宽阔，有一口半月形水塘，水塘边有两棵粗壮的龙眼树，树下竖有旗杆架两对。

友兰公祠以精湛的三雕一塑工艺见著。头门封檐板木刻成绸带状，纹饰繁复，雕工精细，分板块雕刻，题材广泛，主要有梅竹雀鸟、宝鸭穿莲、鱼蟹丰收、蝶恋花、雀鹿图、兰花、葡萄等，图案精美；在图案之间还阳刻有多种文字形体的诗句，其中有唐代诗人王之涣的《登鹳雀楼》、李白的《早发白帝城》、刘禹锡的《陋室铭》等。前廊梁架为月梁做法，有如意纹饰柁墩承托斗栱。挑头为青石人物雕刻，左右分别雕琢"衣锦还乡""观音送子"造型。次间有虾公梁、石狮、异形斗栱、雀替，石刻工艺精美。大门嵌宽1.9米花岗岩石门夹，石门额阳刻"友兰公祠"，楹联为"韦布承先志，簪缨启后人"。

被称为镇村之宝的是位于友兰公祠天井中央的接旨亭。其面阔单间3.9米，进深单间3.7米，共九架。4根石金柱承重，歇山顶。花岗岩条石铺地。亭内悬挂的"芳徽克绍"木横匾，"芳徽"为美好之意，"克绍"为"能够继承"，这个牌匾的意思是"继承美德"。皇帝为了表彰黄皞的卓著政绩和"七子五登科"的优良家教，赐封其"父子两乡贤"。接旨亭是友兰公的父亲黄皞和五弟黄学准为接圣旨而建的。

2002年9月，被公布为广州市级登记保护文物单位。

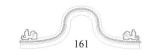

接旨亭（冯雄锋 摄）

接旨亭翼角细部（周展恒 摄）

"芳徽克绍"木匾（周展恒 摄）

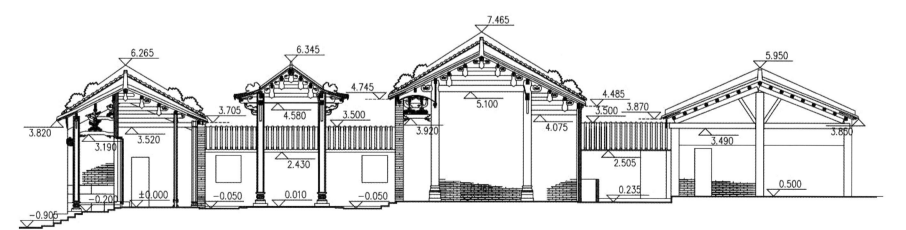

友兰公祠剖面图

乡贤栎坡公祠（周展恒 摄）

木鹅复制品（周展恒 摄）

## 奉旨放木鹅

塱头村众多有功名的祖先中，黄皞的人生最富传奇。

十四世祖黄皞（1440—1513年），字时雍，号栎坡，明代进士。为官清廉，不畏强权，秉公执法，深得百姓厚爱，却因此得罪了权贵刘瑾，遭诬陷而被贬回乡。幸得监察使崔安调查以证清白，上报朝廷得以昭雪。皞公奉旨回朝，官复原职。他上朝谢恩，正德皇帝走到他身前拍着他左肩感叹道："真铁汉公也，继续为朝效力矣。"次年，皞公被封任云南左参政、江西布使司。期间为官清正，政绩卓著。皇帝为嘉奖他，赐其一木鹅，准他择黄道吉日，在巴江河炭步河段的瓦瑶敦埠头将木鹅放到河中，按旨意，木鹅漂流三天，所经之处的河岸全归黄氏所有。皞公无奈，只能遵旨，但又不想占百姓那么多土地，于是想出来一个对策，暗中找熟悉水性的小孩潜入水底把木鹅引到一丫口处停下，这才不至于占大量的土地为己有。可见皞公真正父母官的风范及爱民的官德。

原木鹅放在黄氏祖祠供奉，1951年上缴广东土地改革委员会，现陈列在乡贤栎坡祠中的是复制品。

"升平人瑞"牌坊（周展恒 摄）

## 五、"升平人瑞"牌坊

"升平人瑞"牌坊位于塱头村塱东社木棉树下。建于清乾隆五十七年（1792年），是为本村十二世祖南海县令黄祯（字景祥，明进士）的夫人崔氏太婆106岁时建。据族谱记载，南海县令黄景祥为官清廉，可惜三十有余便过世，时妻子崔氏夫人芳龄只有23岁，后一直守节至106岁（牌坊刻103岁）。乾隆皇帝在其守节80载之际御赐崔氏贞节牌坊，以记流芳美德。

牌坊坐北朝南，为三间四柱冲天式。花岗岩结构，高5.7米。明间门宽3.1米，次间门宽1.6米。石门额阴刻"升平人瑞"，上款刻"乾隆壬子年季冬吉旦"，下款刻"黄卓虎建"。石额顶上阴刻"圣旨""荣恩"，背面阳刻"百岁流芳"。

## 六、青云桥

青云桥又名玉带桥，位于塱头村东侧鲤鱼涌。花县旧有"茶塘庙，塱头桥"之说，其中"塱头桥"即指该桥。南北向，为当地交通要道。始建于明正德二年（1507年），由该村乡贤黄皞捐资修建。清道光五年（1825年）重修，光绪十九年（1893年）再次重修。

青云桥原为红砂岩石桥，清代重修时改用花岗岩砌筑。长20.9米，阔4米，高4.7米。两孔，每孔以20块花岗岩砌成，呈拱形。桥面两侧有石栏杆，两端有十余级石阶。桥西侧嵌一石匾，阴刻"青云"两字，笔力苍劲，据说是十四世祖黄皞手书。上款刻"前明乡贤栎坡公建"，下款刻"光绪癸巳阖乡重修"。

青云桥（周展恒 摄）

传说黄皞被贬回乡后，经常到村头鲤鱼涌捕鱼，目睹兄弟叔伯婶母艰辛涉水去耕作，心感不安。他心系民众，故此，官复原职后第一奏折就是陈述造桥利民之事，皇帝当即口谕准奏。建桥后，黄皞被封为云南左参政，五子一婿相继科第。其亲自为桥题名"青云"二字。

"青云"石匾（周展恒 摄）

本章参考文献：
①陈建华. 广州市文物普查汇编 花都区卷 [M]. 广州：广州出版社，2008.
②曹利祥. 广东古村落 [M]. 广州：华南理工大学出版社，2010.
③竺培愚. 渐行渐远古村落：岭南篇 [M]. 北京：经济科学出版社，2013.

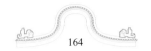
# 17 三华村

Sanhua Village, Huadu District

资政大夫祠（周展恒 摄）

## "大夫胜迹"——三华村

三华村位于新华镇西，107国道旁，旧称三华店，现名三华村，村民多姓徐。

三华村立村于宋元丰八年（1085年），始祖徐宗远赴任南海主簿，从南雄府宝昌县珠玑里牛田村迁至此籍。现行政面积2平方公里，含中华、西华、东华、元华共4个经济合作社，人口4900多人。

整体布局呈蟹状。中华社地势高，为蟹身，其余三社为蟹爪，中华社两口泉井为蟹眼，四周围绕多口水塘，象征蟹游于水。相传，昔日村东南面长有一棵大榕树，村旁建有一座高塔，传说是为了拴住这螃蟹，保民平安。

资政大夫祠建筑群为花都"新八景"之一，被誉为"大夫胜迹"，位于三华村中华社西，107国道旁。不论在建筑规模还是建筑艺术上，均居花都现存古建筑之首。其建筑时间比陈家祠还要早27年。建筑群从东向西，由资政大夫祠、南山书院和亨之徐公祠组成，其间以宽2.3米的青云巷相隔。资政大夫祠及南山书院后面相距6米处，建有两座毗邻的后楼。三座祠堂总面阔56.7米，总进深57.1米（不含后楼），总建筑占地3500平方米。门前旷地进深15米，旷地前有约2700平方米的水塘，后有花园，总占地面积约2.21万平方米。水仙古庙在建筑群东侧，因此纳入建筑群管理。

2002年7月，资政大夫祠建筑群被公布为广东省文物保护单位。

资政大夫建筑群航拍
（李沃东 摄）

三华村文物资源分布图

资政大夫建筑群入口（周展恒 摄）

资政大夫祠（周展恒 摄）

# 一、资政大夫祠

头门挑头人物（林兆璋工作室 提供）

资政大夫祠为该村第二十五世祖兵部郎中徐方正于清同治七年（1868年）为其祖父徐德魁被封为资政大夫而建。坐南朝北，三间四进（含牌坊），总面阔14.8米，总进深56.6米，建筑占地872平方米。镬耳封火山墙，灰塑博古脊，碌灰筒瓦，青砖墙，花岗岩石脚，红阶砖铺地。

头门面阔三间14.8米，进深三间9.1米，共十一架，前廊三步，后设四架轩廊。正脊灰塑山林、瑞兽、鳌鱼等纹饰，工艺精细。封檐板雕刻人物、花草等纹饰，绳边繁复，工艺精细。前廊梁架雕有鳌鱼、花鸟、瑞兽、戏剧人物、文武官员等图案。檐柱挑头为人物石雕，石雀替为八仙透雕，木雀替雕刻八仙、佛手、水果等纹饰。前后檐虾公梁均有石狮，异形斗栱雕刻戏曲人物及龙形纹饰，工艺精湛。

头门后立资政大夫牌坊，用优质青石砌筑，遍雕花草、人物、鳌鱼、梅花鹿等纹饰，石刻、石雕工艺精湛，居花都现存牌坊首位。

中堂面阔三间14.8米，进深三间11.4米，共十五架，前设四架轩廊。梁架施有花鸟瑞兽、戏剧人物等纹饰。后堂面阔三间14.8米，进深三间11.3米，共十五架。

柱础（周展恒 摄）

垂带石雕（周展恒 摄）

头门石栅栏（周展恒 摄）

廊庑梁架（周展恒 摄）

中堂步廊梁架（周展恒 摄）

资政大夫牌坊（冯雄锋 摄）

牌坊匾额阳刻"圣旨"二字

南山书院（周展恒 摄）

## 二、南山书院

南山书院属资政大夫祠建筑群，为徐表正为被封为奉直大夫的父亲而建。建于清同治三年（1864年）。坐南朝北，三间四进，总面阔14.7米，总进深56.6米，建筑占地861平方米。镬耳封火山墙，灰塑博古脊，碌灰筒瓦，青砖墙，花岗岩石脚，红阶砖铺地。

头门面阔三间14.7米，进深三间9米，共十一架。正脊塑有山水、瑞兽、花鸟等灰塑图案。前廊梁架、封檐板施有鳌鱼、瑞兽、花鸟、戏剧人物，工艺精美，栩栩如生。挑头雕有戏曲人物造型，虾公梁有石狮、异形斗栱。墙上画有"醉乐瑶池""九老图""竹林七贤"等壁画。

头门后立奉直大夫牌坊，以青砖及花岗岩砌筑。三间三楼，总面阔12.6米，高9米。整个牌坊及石额四周围绕着各种花鸟虫鱼砖雕。

中堂面阔三间14.7米，进深三间11.3米，共十五架。梁架雕刻鳌鱼、瑞兽、花鸟等纹饰。

后堂面阔三间14.7米，进深三间11.2米，共十五架。

南山书院首进牌坊（冯雄锋 摄）

亨之徐公祠（周展恒 摄）

## 三、亨之徐公祠

亨之徐公祠属于资政大夫祠建筑群，建于清代，具体建筑时间不详。坐南朝北，三间三进，总面阔13.6米，总进深56.6米，建筑占地798平方米。镬耳封火山墙，灰塑博古脊，碌灰筒瓦，青砖墙，花岗岩石脚，红阶砖铺地。

头门面阔三间13.6米，进深三间8.9米，共十一架，前廊梁架、封檐板雕有鳌鱼、瑞兽、花鸟、戏剧人物。虾公梁有石狮、雕花石斗栱。两挑头施有戏曲人物石雕。前廊绘"福自天来""松脂益寿""太白醉酒"等壁画。

中堂面阔三间13.6米，进深三间11.6米，共十五架。

后堂面阔三间13.6米，进深三间11.3米，共十五架。

资政大夫祠及南山书院后面约6米处，建有东西两座毗邻的后楼。总面阔三间14米，总进深三间13.2米，建筑占地185平方米。楼高两层约13米，木板楼面铺红阶砖，明间设木楼梯。镬耳封火山墙，碌灰筒瓦，青砖墙，花岗岩石脚，红阶砖铺地。

后楼（周展恒 摄）

祠堂之间的青云巷（周展恒 摄）

水仙古庙（周展恒 摄）

水仙古庙屋脊陶塑（周展恒 摄）

水仙古庙内景（周展恒 摄）

## 四、水仙古庙

　　水仙古庙在资政大夫建筑群东侧，位于三华村中华社。始建年代不详，清道光二十三年（1843年）重建，民国8年（1919年）重修，1995年再次重修。坐南朝北，广三路，深三进，总面阔23.4米，总进深30.6米，建筑占地738平方米。人字封火山墙，青砖墙，花岗岩石脚，红阶砖铺地。庙内木刻、砖雕、灰塑、壁画等工艺精湛。水仙古庙祭祀晋金吾上将军何侍御史，香火鼎盛。每年农历九月初九为御史大王诞，每逢诞期，三华村必搭棚演戏，欢庆三日。

本章参考文献：
①陈建华. 广州市文物普查汇编　花都区卷［M］. 广州：广州出版社，2008.
②竺培愚. 渐行渐远古村落：岭南篇［M］. 北京：经济科学出版社，2013.

# 18 港头村
## Gangtou Village, Huadu District

港头村（周展恒 摄）

港头村巷道（周展恒 摄）

## 东隅港头，花县旺埠

港头村是一个百年古村。位于广州市花都区花东镇东南部，距离花都区中心城区新华23公里。东连水口营村，南邻白云区龙岗村，西接华侨农场，北临吉星村。贯通花都东西的花都大道在村北经过。村域面积2.83平方公里。

港头村曾氏是春秋时代曾子的后代，曾子的第五十一代曾晞尝因抗金军功封广东粤东侯，赐地北岭，全家迁吉迳村。曾晞尝第五代玄孙曾文孙，子希周，号岐石，于元至正十年（1351年）中举后，从吉迳村迁入港洲（即港头）开基拓展。其地理位置优越，是古时花都的水陆交通要道。尤其是村前的流溪河，是广州与北部地区联系的主要水路，在河边建有货运码头，大量的货物从这里进出，生意十分兴旺。花县旧有"东隅港头，西隅塱头"之说，其中"东隅港头"即指该村。该村耕地面积1320亩，种植水稻、花生、荔枝、龙眼、柑橙、花木，盛产塘鱼。

现存古建筑的年代主要为明代、清代、民国。有着600多年历史的港头村旧村至今仍保存着4万多平方米的古建筑。建筑坐北朝南，布局比较严谨。有5条纵巷，为典型的梳式布局。村前为池塘，村后是小山丘，河流、小溪环抱村子，东南西三面环水，故有"三水朝北，四水归源"之美誉。村前有一口与村面长度相等的半月形水塘，村头、村尾各有一棵300多年的榕树。村东、村西各有门楼一座，分别叫"拱日楼"和"泰薰门"，后者已经拆除。有一条宽为两块花岗岩条石的石板路贯穿前村，长约500米。2008年，港头村古建筑群被定为区级文物保护单位。

港头村航拍（冯雄锋 摄）

港头村文物资源分布图

文孙曾公祠（周展恒 摄）

中堂（林兆璋工作室 提供）

# 一、文孙曾公祠

文孙曾公祠始建于明代。坐北朝南，三间三进。总面阔17.8米，总进深33.4米，建筑占地613平方米。镬耳封火山墙，灰塑龙船脊，碌灰筒瓦，青砖墙，花岗岩石脚，红阶砖铺地。

头门面阔三间13.1米，进深两间7.1米，共十一架，前廊四步。前廊梁架柁墩、斗栱、雀替施人物、花草等纹饰。正脊灰塑"群狮献瑞"图案。虾公梁上有石狮、异形斗栱，挑头为青石人物雕刻。大门嵌花岗岩石门夹，石额阴刻"文孙曾公祠"。门面花岗岩石脚高1.4米，前廊两次间设包台。

中堂面阔三间，进深三间，共十三架。两次间半月形侧门上施有蝙蝠含金钱等灰塑纹饰。

后堂面阔三间，进深三间。前廊梁架柁墩、斗栱、雀替施流云、人物、花草、鸟兽纹饰。两次间青砖墙间房。两侧卷棚廊。

曾文孙，元至正十一年（1351年）举人，港头村立村始祖。

门匾及壁画（周展恒 摄）

灰塑博古脊（周展恒 摄）

挑头人物（周展恒 摄）

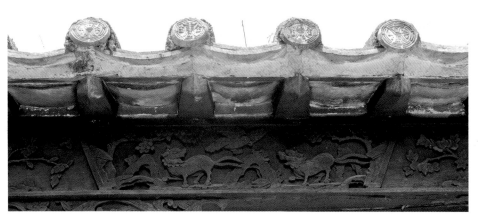

封檐板木刻（周展恒 摄）

廊庑梁架（周展恒 摄）

门洞灰塑（周展恒 摄）

港头村民国骑楼（周展恒 摄）

民国骑楼山墙
（周展恒 摄）

灰塑鳌鱼排水口（周展恒 摄）

# 二、民国骑楼

民国骑楼位于港头村东面。建于20世纪30年代。阔九间33米，深四进19.6米，高2层。砖木结构，青砖墙，碌灰筒瓦。山墙形式新颖，为人字墙和马头墙的结合体，并开圆形窗洞。首层设砖拱步廊，廊宽2.2米，高2.4米。二层南面九开间均开木槅窗，窗扇简朴不事装饰。三层南面设女儿墙，每段墙上设5个菱形图案作为装饰，其中正中央的菱形镂空。东西望柱柱头灰塑方尖，其余8根望柱灰塑宝珠作为装饰。女儿墙下设天沟，雨水从山墙两侧的灰塑鳌鱼形排水口排走。

女儿墙纹饰（周展恒 摄）

"拱日楼"门楼正面（周展恒 摄）

"拱日楼"门楼背面（周展恒 摄）

匾额和壁画
（周展恒 摄）

闸门细部
（周展恒 摄）

# 三、"拱日楼"门楼

　　"拱日楼"门楼位于港头村东面，始建于抗战初期，是村民为抵御日军进犯，作为防御工程而自发筹建的。坐西朝东，高2层，杉木板楼面。面阔5.4米，进深6.1米，高约9米，建筑占地38平方米。镬耳封火山墙，灰塑龙船脊，碌灰筒瓦，青砖墙。凹斗式门楼，内搭阁楼，留两处孔洞用于观察。大门嵌花岗岩门夹，面阔1.9米、高3.5米，石门额刻"拱日楼"。

本章参考文献：
①陈建华. 广州市文物普查汇编　花都区卷［M］. 广州：广州出版社，2008.
②竺培愚. 渐行渐远古村落：岭南篇［M］. 北京：经济科学出版社，2013.

高溪田心庄（冯雄锋 摄）

高溪村文物资源分布图

# 19 高溪村
## Gaoxi Village, Huadu District

### 欧阳氏田心庄和王氏高坐路

距离广州市白云机场不远处有两片相距不远但朝向不同的古建筑群，它们都是高溪村下属的自然村。南边的村落坐北朝南，是欧阳氏的聚落，名"田心庄"。北面的村落坐西向东，是王氏的聚落，名"高坐路"。

田心庄古民居竖8列，横7列，如今只剩下35座古民居，不到10户人家，但岭南村落梳式布局的形态依然清晰可辨。与其他村落不同的是，由于村中只有一间祠堂（献堂家塾），首排7座民居分列祠堂两边，而且大门居中，与村落朝向一致。田心庄虽无镬耳山墙，但保留着岭南地区数量最多、图案最精美、保存最完整的龙船屋脊。从高空俯瞰，宛如一片竞发的龙舟方阵，气势非凡。

与田心庄一样，高坐路古民居也呈梳式布局，横11排，竖8列，接近百座，规模比田心庄稍大。村中原有炮楼3座，如今只剩下村首1座，始建于道光二十一年（1841年）。

高溪高坐路（冯雄锋 摄）

高坐路村口炮楼（周展恒 摄）

高坐路村口木棉树（周展恒 摄）

高坔路芝聘王公祠（周展恒 摄）

芝聘王公祠头门屋脊（冯雄锋 摄）

墀头砖雕（周展恒 摄）

头门梁架（周展恒 摄）

头门虾公梁石狮（周展恒 摄）

## 一、芝聘王公祠

芝聘王公祠位于高溪村高坐路。建于清道光二十一年（1841年），先后于民国10年（1921年）和2001年两次重修。坐东朝西，主体建筑深三进，右路建筑为衬祠，总面阔12.6米，总进深42.1米，建筑占地714平方米。镬耳封火山墙，碌灰筒瓦，青砖墙。祠堂前旷地开阔，前有半月形鱼塘。全祠梁架、柱、门均采用坤甸木料。

头门面阔三间，进深两间，共十三架。虾公梁上设石狮、异形斗栱。前檐梁架斗栱及封檐板木雕戏曲人物、花鸟鱼虫、瑞兽等图案。墀头砖雕工艺精致。

2001年重修时，祠内壁画被翻新，头门正脊翻新重置，梁架、封檐板重新上色。墀头砖雕部分损坏。中堂天井地面改铺水泥阶砖，两边山墙墙楣灰塑翻新，改变了原有风格。

田心庄献堂家塾（周展恒 摄）

献堂家塾抱璞堂（周展恒 摄）

## 二、献堂家塾

　　献堂家塾建于清嘉庆三年（1798年）。坐北朝南，三间三进，总面阔12.5米，总进深29米，建筑占地379平方米。悬山顶，灰塑龙船脊，碌灰筒瓦，青砖石脚，红阶砖铺地。

　　头门面阔三间12.5米，进深两间6.3米，共十三檩。石门额阳刻"献堂家塾"。设有中门，次间砌墙间房。

　　中堂面阔三间12.5米，进深三间6.8米，共十三架。4根硬木金柱，后金柱间有屏门，上挂"抱璞堂"木横匾。

　　后堂面阔三间12.5米，进深三间6.9米，共十三檩。次间砌墙间房，后堂前带两廊，七架人字顶。

献堂家塾和欧阳可辉民宅隔巷相邻（冯雄锋 摄）

欧阳可辉民宅（周展恒 摄）

## 三、欧阳可辉民宅

　　欧阳可辉民宅位于高溪村田心庄36号。坐北朝南，三间两廊，总面阔12.1米，总进深11.4米，建筑占地146平方米。人字封火山墙，灰塑龙船脊，碌灰筒瓦，青砖石脚，红阶砖铺地。排水孔和屋脊等广泛使用灰塑装饰，有蝙蝠、鳌鱼、金鱼、硕鼠、莲叶、葫芦等吉祥图案。

灰塑鳌鱼排水口（周展恒 摄）

本章参考文献：
①陈建华. 广州市文物普查汇编　花都区卷［M］. 广州：广州出版社，2008.
②竺培愚. 渐行渐远古村落：岭南篇［M］. 北京：经济科学出版社，2013.

# 从化区

Conghua District

# 20 钱岗村
Qiangang Village,
Conghua District

钱岗村东村口"灵秀坊"牌坊（冯雄锋 摄）

钱岗村巷道排水渠（周展恒 摄）

巷道中央的"狮头石"
（周展恒 摄）

## 广府仅有的藕局围村

传说在钱岗建村之初，村中老者（俗称"猪头公"）请地理先生来看风水，地理先生用罗盘开了几十条线，最后确定钱岗属于莲藕形，居屋只能随意而建，否则就住不长久。于是村民建屋就只需按照自己的意愿行事，有空地就随意延伸出去。

整个村落分成了东西和南北两种朝向。建筑主要为三间两廊的居住建筑。村落内部建筑空间紧促，建筑间距较小，巷道和天井空间是村落内部的主要休闲空间，零星分布有面积不大的广场空间作为补充。巷子多且深，迂回曲折，据年长村民说，日军入侵时也不敢进入该村。

钱岗村的街巷多为鹅卵石铺设，路旁设以沟渠排水。藕式布局的古村落使得全村鲜有笔直的巷道，反映了错综复杂的迷宫般的村落巷道布局。政南巷是贯穿南北的中心巷。狮头石是横亘在村中一条小道中的石头，传说有镇压全村风沙的作用。

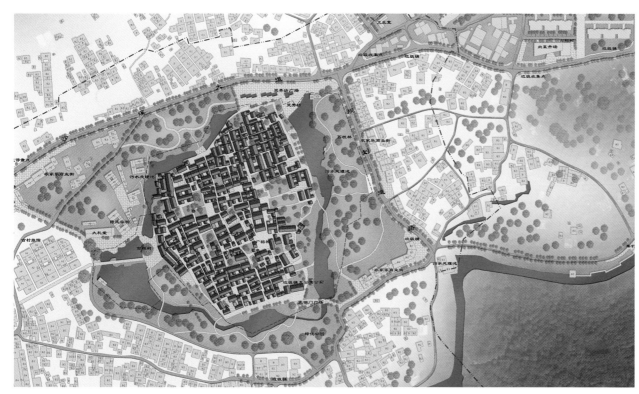

钱岗村文物资源分布图

灵秀坊
启延门
迎龙门
镇华门
震明门

钱岗村四门楼区位分布

启延门（周展恒 摄）

震明门（周展恒 摄）

镇华门（周展恒 摄）

迎龙门（周展恒 摄）

　　古村四周设有东、南、西、北4个门楼，分别是启延门、震明门、镇华门、迎龙门。其中迎龙门最有特色，其阁楼高于其他门楼，上设瞭望眼，入瓮城之城楼。东面门楼前有三门牌坊灵秀坊，经牌坊出入古村。四村门、村墙、四维水塘围闭起一个小城。村的外围现仍存有残缺的旧围墙与四门楼相连。

　　出西门后有池塘一个，池塘附近种有大片荔枝树，从化荔枝以钱岗糯米糍最为有名，所产的鲜果果型大，肉厚软滑，焦核率特高。

广裕祠（周展恒　摄）

广裕祠前地照壁（周展恒　摄）

# 一、广裕祠

广裕祠坐落在广州历史文化保护区钱岗村中央位置。坐北朝南，面阔三间13.94米，进深三间一照壁59.15米，总建筑占地面积达825平方米。从南至北依次由高而低建有照壁、河砾石铺明堂八字翼墙、第一进门堂、天井及东西廊、第二进中堂、天井及东西廊、第三进祖堂。建筑为砖、木、石结构，悬山顶，第一进前隔广场，有砖石结构带瓦檐的八字照壁，与第一进相连为翼墙，两者相对而立，这一做法为官式模式。

第一、二进月梁与柱之间的夹角施雀替，梁底木雕线纹和铜钱纹，雕琢深刻，简朴明快，为明代遗物。第二进脊檩下刻阳文"时大明嘉靖三十二年岁次癸丑仲冬吉旦重建"。梁底、驼峰上的雕刻大部分是卷云纹饰，风格粗放古拙，明风尤显。

第三进与第一、二进精雕细琢的抬梁式梁架不同，采用的是穿斗式梁架，十三架，前带卷棚为廊，为清初重建，但仍带有明代风格。

中堂（周展恒 摄）

山门檐下雀替（周展恒 摄）

山门驼峰异形斗栱（周展恒 摄）

后堂（周展恒 摄）

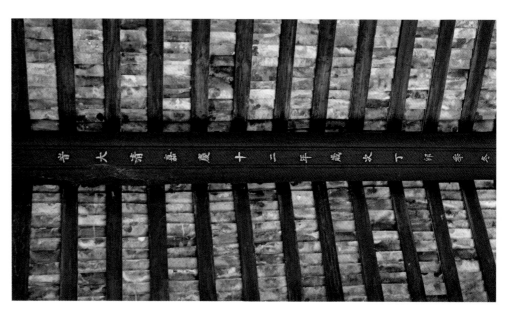

后堂脊檩（周展恒 摄）

广裕祠（林兆璋 绘）

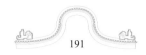

广裕祠航拍（冯雄铎 摄）

　　广裕祠墙体结构独特，为"防盗墙"结构。第一、二、三进山墙高从5.7米至7米不等，它的砌筑方法是：用青砖垒砌丁顺外墙，墙厚约0.5米，墙体中空，在中空处先斜放大块青砖在底部，再于这些砖上斜竖放第二层，以此类推，所垒砖块从墙脚一直到墙头。如果有盗贼想在夜晚穿墙进入祠堂，先得在外墙开一个洞，然后伸手掏中间的砖块，但独特的墙体结构使他每取一块，上面的砖即往下掉，发出响声，作为防盗警报。

　　广裕祠先后有7次修建的历史文字印记，被考古学家麦英豪称为"非常宝贵的建筑标本"。2006年5月，由国务院公布为国家重点文物保护单位。广裕祠曾获得2003年度联合国教科文组织亚太地区文化遗产保护杰出项目组第一名（the Award of Excellence of the 2003 UNESCO Asia-Pacific Heritage Awards for Culture Heritage Conservation），以褒奖中国民间力量在政府的组织协调下对文化遗产保护所作出的成绩。

## 二、"灵秀坊"牌坊

　　"灵秀坊"牌坊位于钱岗村东向启延门前，青砖结构。清道光年间，钱岗秀才陆向晨参加省城乡试，考取举人第一名，返乡后建该牌坊。牌坊是一座青砖结构三拱门建筑，长5.5米，砖柱宽0.6米，高6米多。歇山顶以素瓦铺就，两侧一层四翼角，顶层四角挑起燕尾，正脊立宝珠，墙上端灰塑三重仰莲叠涩出檐。柱脚抱鼓石高2.5米，外表批荡粉红色石灰。明间拱门宽1.4米，高3米，两次间拱券，不设门，宽0.95米，高2.5米。向启延门楼一侧三门上贴匾，中曰"灵秀坊"，左、右横匾分别为"水月""松风"。正面明间匾为"云龙门"，两侧对联云："云集鸡凤呈五色，龙腾雀岭透千层"。次间左右分别记有"腾蛟""起凤"。牌坊后有钱岗村东门"启延门"门楼。牌坊旁之风月池是钱岗村之风水鱼塘。

"灵秀坊"牌坊背面（周展恒 摄）

灰塑仰莲出檐（周展恒 摄）

"灵秀坊"牌坊（林兆璋 绘）

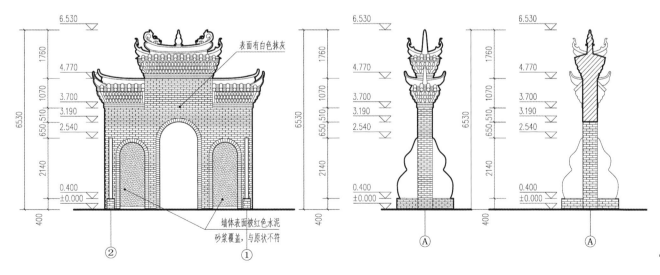

"灵秀坊"牌坊立面图

"江城图"封檐板木雕局部

钱岗村西楼（周展恒 摄）

## 三、钱岗村西楼"江城图"封檐板木雕

　　钱岗村西向更楼有一木质檐口板，长8.7米，宽0.3米，由三段连接而成。雕刻图案反映的是广州珠江河上行船、码头、北岸城市商馆建筑、五羊传说、戏剧场景、闲暇生活、洋人杂耍，以及附近农村市井风情和山水风光，被誉为"广州珠江清明上河图"。从图案中人物的衣着及发型观之，刻画的历史时期为清康乾时期。康乾时期的广州城有《广州府志》等文献记载，但未见有图片反映当时情景，而在这块封檐板上找回了康乾盛世的广州城。

　　雕刻技法以浮雕刻出山峰、河流、树木、城门、亭、台、楼、阁、塔、码头、船、街道、炮台、人物、动物等，亦使用镂雕的方法表现干栏式建筑和画舫等，刻画精致入微，建筑物窗上的棂格、雕花、小艇舱上的竹编垂帘、女儿墙栏杆上的竹节、人物五官、衣服的皱褶悉数尽显。"江城图"描绘社会各阶层的生活景象，真实生动，层次丰富，是一件具有重要历史价值的风俗木雕。

　　由于长年的风吹雨淋，这块工艺精湛、价值极高的封檐板已经濒临腐烂，由广州博物馆拆下收馆永久保存。我们看到的是该文物的复制件。

本章参考文献：
①陈建华. 广州市文物普查汇编　从化区卷［M］. 广州：广州出版社，2008.
②竺培愚. 渐行渐远古村落：岭南篇［M］. 北京：经济科学出版社，2013.

钟楼村航拍（冯雄锋 摄）

# 21 钟楼村
Zhonglou Village, Conghua District

## 教科书级别的风水围村

钟楼村村口门楼（周展恒 摄）

　　钟楼村位于太平镇，是目前从化保留最为完好的村落之一。据《钟楼记》记述，该村欧阳姓氏的村民是唐宋八大家之一欧阳修的后裔。村中建筑以祠堂、民居为中心，范围还包括门楼、炮楼城墙、护城河，村后为险峻的金钟岭（俗称挂金钟）。金钟岭有"楼上挂钟"之意，故村以山得名"钟楼"。

　　该村坐西北朝东南，以欧阳仁山公祠为中轴线，朝两边伸展，左4巷，右3巷，在祠堂左右两侧的巷道分别悬匾曰"桂馥""兰芳"。村落四面围3米多高的城墙，在4个主要制高点建立了4个2层高炮垛，能与村后4层高的炮楼相互呼应，如任何一处发现情况，通过垛与垛、垛与炮楼间通风报信，则各处皆知。城墙外围是护城河，宽2米多。护村河从村右侧山顶顺势而下。村后的金钟岭险峻而秀美，与护城河组成天然屏障。

钟楼村文物资源分布图

钟楼村巷道肌理图

每条巷都在巷口建门楼，门楼上有花岗岩石额巷名。巷中间是一条花岗岩砌边、青砖铺底的排水渠，依地势步步而上，共五级地台，每上一台须上三级石阶。围村外设环形排水渠，与巷道中央的排水渠相连，山水和雨水会聚在村前环形渠，最终流入护村河，由此形成一套自然、完整的排水系统，堪称岭南古村排水工程的典范。巷两侧是民居，悬山顶，即使在雨天走家串户，也有瓦顶遮雨。民居全部为三间两廊，每一路7户，前后毗连，7路共49户。这种建筑形式便于居民相互走动，小至孩子的照看，大至防止盗贼入屋，均可以很方便地互相照应，一家有难，众人相助，此为"守望相助"的建筑形式。

村口门楼是单层镬耳山墙建筑，开一小拱门，上写"钟楼"二字，门楼坐西朝东，朝向与村落有异，据当地人说是风水原因而故意做成角度。另外，村前原有三门，"文革"期间拆去其二，现余一门。进村门，左右两边各有一古井，用两整块花岗岩拼砌而成。村西靠城墙的一棵杨桃树下是村中铺号"元元发"，主要供村民购买日常用品。

钟楼村巷道门楼（周展恒　摄）

钟楼村巷道排水渠（周展恒　摄）

欧阳仁山公祠（周展恒 摄）

# 一、欧阳仁山公祠

欧阳仁山公祠航拍图（冯雄锋 摄）

　　欧阳仁山公祠位于钟楼村中轴。欧阳仁山之子欧阳枢与欧阳载是建村者，为纪念其父而建祠。坐西北朝东南，硬山顶，砖、木、石结构，其前青砖砌人字纹地堂。祠共分三路，面阔约35米，深五进约75米，占地面积2625平方米。祠面阔五间17米，进深五间，另外两侧又各有偏间，该祠是从化所发现规模最大的祠堂，与钟楼古村同样进深。

　　沿七级踏步上第一进，开双掩木门，下置木制门枕，花岗岩石门框，门额阴刻行体"欧阳仁山宗祠"。

　　上七级花岗岩踏步直到门廊，踏步两侧垂带。花岗岩砌月台，上立4根石柱，下有柱础，上承木额枋，木额枋承梁架，两侧皆同。筒瓦剪边，顶铺素瓦。

　　第一至四进皆用花岗岩檐柱，金柱为木柱，第五进檐柱为木柱。祠堂共有99个门口，取"九九归一"之意。据说建村者以此告诫后代：村落规模有限，村中男丁数量不能超过门的数量，否则多余的人不能自立门户。这恐怕是最早的计划生育。大门是双掩木门，其下两角立木门樽。依势踏步而上，后一进比前一进高，第一至四进皆设有屏风。

　　到第五进祖堂，则可倚制高点通望全祠。左右两路为厢房，有门与中路相通，其中第五进左厢房前天井生一古金银花树，根部苍劲雄浑，迎前墙而攀上檐头，然后枝丫分生，枝叶繁茂。在4个天井朝两侧巷处开门，各进外山墙上端堆塑有卷云纹饰。

　　欧阳仁山公祠前有桅杆夹，碑文为"光绪十四年戊子科中式第十一名副贡欧阳慈立"。2001年12月，被公布为从化市文物保护单位。

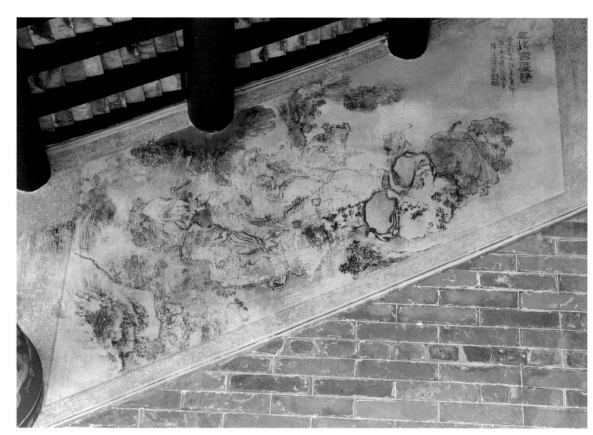

壁画（周展恒 摄）

头门檐柱雀替（周展恒 摄）

门楣灰塑（周展恒 摄）

匾额详图1：30

墀头详图1：30

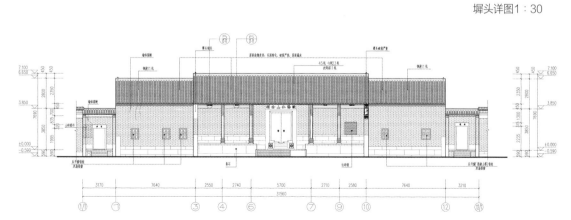

第一进正立面图1：150

第二进天井（周展恒 摄）

第二进侧厢（周展恒 摄）

第三进天井（周展恒 摄）

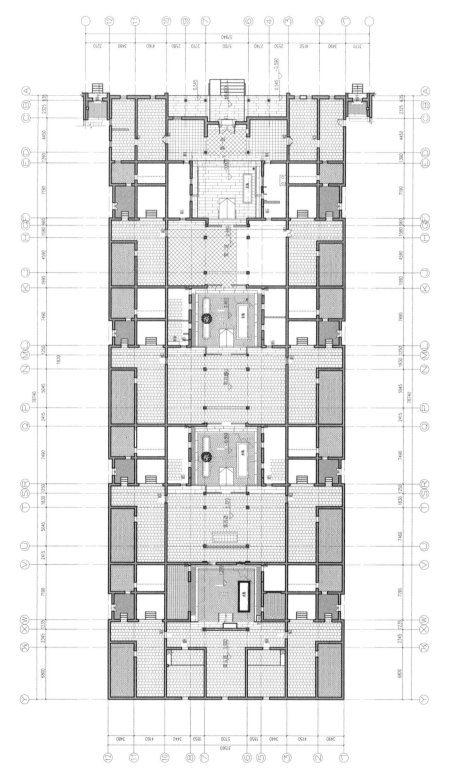

欧阳仁山公祠平面图

钟楼炮楼（周展恒 摄）

# 二、钟楼炮楼

　　钟楼炮楼位于村尾的左后角，踞古村的制高点。高5层，楼高约为20米，深三间10.6米，宽三间15米，建筑占地159平方米。为砖、木、石结构建筑。楼板以大木梁承托。山墙与前后墙一直到顶，屋顶是镬耳墙、平檐、盖素瓦、硬山顶。炮楼设有重重的防卫设施，5层楼可层层退防。楼内原有水井。大门前设以青砖白石灰砌筑的半圆台阶，逐级缩小，直至大门。门有铁栏，开双掩铁门，门后设有铁扣锁，只要铁扣环扣紧，铁门便很难打开。一走进碉楼，便可见到左右两侧共有5个门，每一侧门的上面都有3个炮眼，可供防御外敌入侵时所用。该建筑类型在广州可谓凤毛麟角。

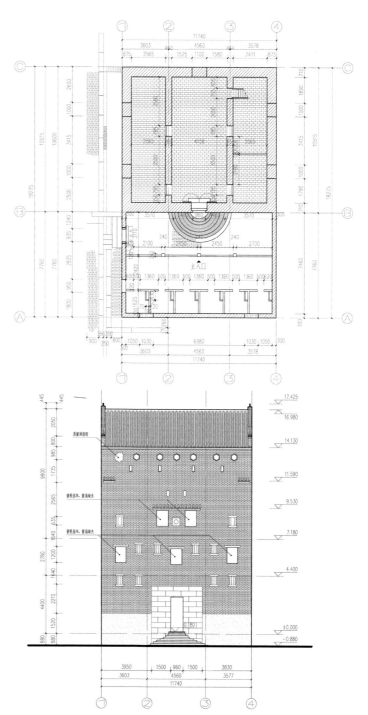

钟楼炮楼平面图和立面图

本章参考文献：
①陈建华. 广州市文物普查汇编　从化区卷［M］. 广州：广州出版社，2008.
②竺培愚. 渐行渐远古村落：岭南篇［M］. 北京：经济科学出版社，2013.

儒林第（周展恒 摄）

# 22 儒林第
Rulin Mansion, Sancun Village, Conghua District

## 广府围屋的代表

清道光十一年（1831年），三村李聚英高中进士后回乡重修祖屋，并名之曰"儒林第"。儒林第是广州为数不多的客家围屋。坐北朝南。广三路，总面阔31.35米，深三进外加后楼，总进深53.5米。其布局为：中路三进祠堂，隔大天井为碉楼，后另有一深潭。两侧青云巷外四角有角楼，排屋夹于其中。

中路头门面阔三间，进深三间，屋顶共二十一檩。石门额阳刻"儒林第"三字，落款已磨去。其下石门簪阳刻乾坤二卦卦文，象征天地、阴阳万物生长共发。花岗岩墙脚高至墙身四分之三，以上垒青砖。墙上端绘牡丹、凤凰和其他花鸟画，并题词赋。封檐板刻花鸟卷草纹。梁架、驼峰和梁底上刻花鸟博古纹同施彩绘。明间中央立4扇屏门，以4根圆木柱受力。天井两侧为厢房，厢房槅扇木雕精美，反映了农村耕读生活的情景。头门与厢房之间有过廊，横通两侧排屋。

儒林第航拍（冯雄锋 摄）

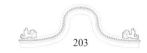

儒林第头门（周展恒 摄）

头门封檐板木刻（周展恒 摄）

头门木屏门（周展恒 摄）

祠堂首进天井（周展恒 摄）

反映农耕情景的厢房木刻（周展恒 摄）

祠堂通往排屋的过廊（周展恒 摄）

飘香堂（脊檩下为"子孙梁"）

排屋外天井（周展恒 摄）

炮楼（周展恒 摄）

中堂深三间，共二十一架。石前檐柱，石金柱。特别的是，其脊檩下另架一圆檩条，但该檩条并不承举椽板，村人称之为"子孙梁"，用以悬挂"子孙袋"。"飘香堂"木匾正悬于六门屏风之上。

过"飘香堂"屏风侧门到天井，至祖堂。祖堂无柱，以泥砖墙承二十六檩。

从第二、三进后廊可通左右青云巷至排屋。青云巷头有门楼连中路及排屋，大门有趟栊。排屋共8间，与中路祠堂深度一致。角楼2层，镬耳封火山墙，街墙上开竖长方形石框及漏金钱形枪眼，在其外凸向中路的墙内嵌一葫芦形小漏窗，作发射暗器之用。

排屋夹天井，天井地表砌鹅卵石，有暗渠排水，渠口为漏金钱石刻。

炮楼面阔18米，进深12米，高27米，外观恢宏。后墙上累累弹洞枪痕。中间花岗岩门口与前排祠堂的墙头同高，石刻雀替，石门簪阳刻阴阳二卦。双开大铁皮木板门，有趟栊。明间后部架木梯上第二、三、四层。楼面以圆檩和木板架起，共4层。全楼为砖石木结构，面阔三间，顶层镬耳山墙。各层墙体四周开日字枪眼。放眼四望，四周秀色在目，后面潭水映绿。

从角楼和炮楼皆是镬耳封火山墙，以及炮楼采用趟栊门这一典型广府民居语汇，都可看出儒林第是明显广府化的客家围屋。2001年12月，儒林第被公布为从化市文物保护单位。

炮楼鸟瞰（冯雄锋 摄）

炮楼木门（周展恒 摄）

炮楼木梯（周展恒 摄）

炮楼内景（周展恒 摄）

炮楼大门（周展恒 摄）

炮楼后蓄水池（周展恒 摄）

炮楼镬耳山墙
（冯雄铎 摄）

本章参考文献：
①陈建华. 广州市文物普查汇编　从化区卷［M］. 广州：广州出版社，2008.
②竺培愚. 渐行渐远古村落：岭南篇［M］. 北京：经济科学出版社，2013.

# 增城区

Zengcheng District

瓜岭村（冯雄锋 摄）

瓜岭村村门（周展恒 摄）

23 瓜岭村
Gualing Village,
Zengcheng District

## 侨乡瓜洲

瓜岭村旧名"瓜洲"。因明朝时附近的黄姓村民在这里的河滩沙洲搭棚种瓜，后来定居建村而得名，距今已有500多年历史。从19世纪中叶开始的100多年时间里，大批黄姓村民到海外谋生。如今700多人的小村有2000多乡亲旅居新西兰、澳大利亚、美国和加拿大等地，侨乡之称实至名归。

村前有旷地和果园，近百米宽的东江支流环村而过，村南村北各建一座门楼。村内由11条纵巷呈梳状构成12路村屋，其中约有70%为古近代建筑，约有30%重建或维修改变了原面貌并夹杂其中。古代建筑有7座祠堂、1座书塾、1座玉虚宫和约200座民宅。各类民宅的建筑形制及结构大致相同，但规模较悬殊。村内纵巷多用花岗岩条石铺地，亦有用花岗岩、红砂岩条石及灰砂混合铺地。条石横铺的有明沟和暗沟两种排水设施，明沟在巷的一侧，主要排放雨水；暗沟藏在地下，主要排污水。纵巷前后带巷门（后巷门现已不存），前巷门洞上原有直桄，现仅存门顶直桄孔。门为门楼式五檩人字顶。村内无水井，长期以来村民皆以村前东江支流河水为饮用水源（现改为自来水）。该村建筑保存基本完整。

瓜岭村航拍（冯雄锋 摄）

瓜岭村街景（冯雄锋 摄）

玉虚宫（周展恒 摄）

玉虚宫航拍（冯雄锋 摄）

# 一、玉虚宫

玉虚宫位于瓜岭村新基区前广园东路北面。始建于清代，1999年有维修。坐北朝南，两间两进（前有天井）。宫前有旷地和河流，左右有竹木和荔枝果林。硬山顶，碌灰筒瓦。青砖石脚，地面铺马赛克。

大门朝西，门前建两柱三架单坡门楼。碌灰筒瓦，梁架、檐柱均为花岗岩石。廊前为天井，花岗岩条石铺地。

后门面阔三间，进深一间，共十一檩。五花封火山墙，灰塑龙船脊，前檐与卷廊与后檐相接，之间设一条花岗岩天沟排放雨水。整个后堂摆放神台香案，供奉人物塑像。

玉虚宫保存良好。

玉虚宫屋脊灰塑
（周展恒 摄）

圣匡黄公祠（周展恒 摄）

# 二、圣匡黄公祠

圣匡黄公祠位于瓜岭村旧村区十至十一巷之间街区前。始建于清光绪三十四年（1908年）。坐东朝西。三进两间。总面阔8.7米，总进深9.2米，建筑占地面积80.04平方米。硬山顶，镬耳封火山墙，灰塑博古脊，碌灰筒瓦。青砖石脚。

头门面阔三间，进深两间，前设双步廊。正脊纹饰精致细腻，垂脊施灰塑鳌鱼，檐口上方施灰塑人物立俑（头已不存），他处少见。前檐立两根方形花岗岩檐柱，次间施虾公梁，梁底雕花，上施驼峰异形斗栱承托檐桁。前廊步梁为月梁做法，梁底雕花，梁上驼峰斗栱和托脚施金漆木雕。封檐板饰戏曲人物和梅、兰、竹、菊四君子的木雕精致，保存良好。墀头上部有砖雕（左已毁，右已残）。门面墙磨砖对缝，花岗岩石墙裙。大门花岗岩石门夹，门额石匾阳刻行书"圣匡黄公祠"，上款刻"光绪戊申季穀"，下款刻"顺德梁澄书"。

头门步廊梁架（周展恒 摄）

圣匡黄公祠屋脊灰塑
（周展恒 摄）

四房黄公祠
（周展恒 摄）

# 三、四房黄公祠

四房黄公祠位于瓜岭村旧村区十一巷。始建年代不详，民国时期有维修。坐西朝东。三间三进，总面阔12.2米，总进深38.4米，建筑占地468.48平方米。硬山顶，镬耳封火山墙，碌灰筒瓦。青砖石脚，地面改铺瓷砖。

头门面阔三间12.2米，进深两间7.1米，共十一架。灰塑博古脊。前檐两根方形花岗岩石柱立于塾台上，柱身四角有石雕竹节纹，次间施虾公梁，上置石雕狮子驼峰异形斗栱承托檐桁。封檐板施戏曲人物、花鸟、瑞兽彩色木雕。正面墙为水磨青砖，花岗岩石墙裙。花岗岩石门夹，门额石匾阳刻"四房黄公祠"，匾的四周有石刻缠枝花纹绲边。

中堂面阔三间12.2米，进深三间8.9米，共十三架，前后出三步廊。灰塑博古脊。前后檐各立两根八角红砂岩柱。左右次间后墙开拱形门连通后天井廊，拱券施回纹灰塑，嵌以云母片作装饰，似镜非镜，熠熠生辉。

该祠保存完好。

首进天井
（周展恒 摄）

廊庑门洞灰塑（周展恒 摄）

新基区一巷1号民居（周展恒 摄）

## 四、瓜岭村新基区一巷1号民居

阳台细节（周展恒 摄）

瓜岭村新基区一巷1号民居由新西兰华侨黄世联回乡兴建。始建于民国初年。坐西朝东。面阔6米，进深9.5米，建筑占地57平方米，高2层半，青砖、钢筋混凝土结构，楼房式平顶建筑民宅，中西合璧风格。

首层进大门为客厅，厅后为房，房左侧留通道进入厨房。客厅左前角建混凝土楼梯上第二、三层，楼梯外沿有木雕竹节围栏。首层地面铺设红阶砖。

二层布局与首层基本相同。所不同的是二层正面临街处建外飘阳台。阳台左右及正面施混凝土模印图案围栏。花阶砖铺地。

三层进深两间，前有露台。楼额施山花，左面、右面及后面建女儿墙。阳台正面及左右设混凝土模印纹围栏。楼的外墙每层设有带铁直棂的方形彩色玻璃窗（部分已改白玻璃），窗楣有灰塑纹。

宁远楼（林兆璋工作室 提供）

棠荫楼（周展恒 摄）

宁远楼航拍（冯雄锋 摄）

## 五、宁远楼和棠荫楼

宁远楼位于瓜岭村东面村前约50米的东江支流河畔，是一座由华侨集资兴建的更楼。始建于民国16年（1927年），民国18年（1929年）竣工。坐西朝东。钢筋混凝土、砖、木结构，方形柱状平顶。边长6.4米，楼的四周挖有宽4米、深约5米的护沟。是广州地区唯一一座带吊桥的碉楼。

该楼钢板嵌门夹，双扇大铁门，门前跨护楼沟架设铁吊桥，楼的两侧有粗大铁链穿入楼内牵拉吊桥，只要把吊桥收起，敌人就不能进楼。楼的四面墙上首层左面、右面和后面密封，第二至第四层每面墙上有窄长形的射击孔。顶层东墙上塑"宁远楼"三字，四角各立一柱状角堡自楼外挑挂出，直达三层后收分为尖锥状。形似火箭，十分独特。这种上大下小的

设计通过射击孔可直接对楼底射击，楼内首层有水井，可储备粮食，固守待援。后墙上镶嵌一方碑，碑题《宁远棠荫两楼碑记》，详细介绍了宁远、棠荫两楼的修建原因及使用、管理规定。其余各层设有炮台和土制铁炮。混凝土楼梯设在左侧，攀梯可直上楼顶。

宁远楼保存完好，是瓜岭村的标志性建筑。

该村同形制、结构的建筑还有另一座，名为"棠荫楼"。该楼建在旧村区四巷、五巷之间的西面。坐西朝东。楼高4层，在楼的顶面东面墙塑有"棠荫楼"三字。两楼相比不同之处在于：宁远楼四周设有护沟，门前设吊桥，棠荫楼则无；两楼均为4层建筑，但棠荫楼的建筑规模稍小，楼层稍矮。两楼高耸于新旧村之间，相对成掎角之势，首尾相护，控制着村的交通险要位置。

两楼修建还有一段史话：民国8年（1919年）秋，村逢匪劫，36名村民被捉，洗劫白银8万两。因村内侨眷众多，土匪的行径激怒了侨人，为保家振乡，遂由黄田惠、黄焕森等人牵头在海外筹款修建"棠荫""宁远"两楼。"宁远"之名亦出此意。

本章参考文献：
①陈建华. 广州市文物普查汇编 增城区卷［M］. 广州：广州出版社，2008.
②竺培愚. 渐行渐远古村落：岭南篇［M］. 北京：经济科学出版社，2013.

宁远楼入口吊桥（周展恒 摄）

宁远楼首层内景（周展恒 摄）

宁远楼三层内景（周展恒 摄）

宁远楼三层内景（周展恒 摄）

抵达屋顶的螺旋楼梯（周展恒 摄）

宁远楼四层内景（周展恒 摄）

宁远楼天面（周展恒 摄）

# 24 莲塘村
## Liantang Village, Zengcheng District

"大书房"园林入口（周展恒 摄）

## 被遗忘的花园——大书房园林建筑群

莲塘村航拍（冯雄锋 摄）

莲塘村位于中新镇，其祖毛武韬于南宋绍兴十三年（1143年）由县城肖郭巷来此立村，至今已有860多年历史，现有人口1300余人，村民多姓毛。

该村坐北朝南偏西20°，平面布局呈长方形棋盘状，构成10列8排村屋，再在村屋的左右侧及后面建带状建筑围合，把村建成围村。村屋每列有纵巷、每排有横巷分割，形成11条纵巷（至荷塘边）和8条横巷，呈棋盘纵横交错，整齐有序。纵巷原带巷门，现已不存。横巷由青砖、花岗岩、红砂岩铺地，在村前左右侧及左后角各开一门楼通外，右前侧门楼保存完整，其余两座门楼及左右山墙已毁，仅存正面墙和门洞。村前地坪宽阔，地坪上有晒谷场、麻石阶和半月形水塘，再前是广袤的农田和连片的竹木果林，西福河绕村东而过，形成清幽和谐的自然环境。

该村现存明清时期建筑有80多座，其中洪圣宫1座，祠堂、香火堂共8座，书房3座，炮楼1座，其余多为民宅。现村民已大多迁往村外新宅，但古村落的基本格局和基本房屋仍保存。2000年被公布为广州市历史文化保护区。

洪圣宫（周展恒 摄）

头门塾头石雕（周展恒 摄）

# 一、洪圣宫

　　洪圣宫位于莲塘村东北面。据庙内清雍正十三年（1735年）碑记载，该庙始建于宋，清雍正四年（1726年）、雍正十三年、嘉庆十二年（1807年）、道光十一年（1831年）、同治六年（1867年）、光绪十五年（1889年）有维修。坐北朝南，五间两进，总面阔24米，总进深15.3米，建筑占地367.2平方米。硬山顶，人字封山墙，碌灰筒瓦，滴水剪边，青砖石脚，阶砖铺地。

　　头门灰塑博古脊。前廊立两根方形花岗岩檐柱，挑头施红砂岩石雕人物。红砂岩门夹，门额石匾阳刻楷书"洪圣宫"三字。封檐板施戏曲人物、花鸟、瓜果和宗教用器等纹饰。塾头嵌整条红砂岩，上部所雕戏曲人物、动物、花卉纹饰精美。

头门封檐板（周展恒 摄）

大书房园林建筑群（周展恒 摄）

花桥（周展恒 摄）

## 二、大书房园林建筑群

　　大书房园林建筑位于莲塘村的东面有兰毛公祠之后。始建于清代，清至民国皆有维修或增建，坐北朝南，由书房、水榭、长廊、民宅、厨房、储物室、炮楼、花桥、荷塘和三个小花园组成。东西阔50.7米，南北深46.3米，建筑占地2347.41平方米。书房为主体建筑，坐落在右后侧，门前见小花园，花园上有砌假山、花基，种有花木水果。左侧隔青云巷有一座青砖钢筋水泥混合结构2层平顶楼房建筑，该建筑是晚清或民国时期增建，为会客休闲场所。楼前建有小花园，该花园四周建围墙，园内有花基，种有花木，园中原有一口水井，现已封存。花园前建长廊、水榭和厨房，储物室建在厨房后面。东连花桥，出口处建一拱券顶门，西直达书房前。

　　莲塘炮楼位于莲塘村左后角，是一座防御建筑，始建于清代晚期，中华人民共和国成立后有维修，坐北朝南，平面略呈长方形，楼层高4层，约16米。砖、木、石结构，四面墙用青砖砌筑。四面墙上第二层至第四层每层开两个窄长的射击孔，第三、四层每面开一小方窗，顶层4个角左右各施一个三角形外飘角堡，底部有射击孔，可直接向楼底射击，不容来犯者靠近。花岗岩门夹，门洞上安转钢条趟栊和铁门（现已不存）。门内首层挖有水井，第二至第四层施木板阁楼，楼顶开天窗，攀梯可直上楼顶。门前左右各施七级石阶。

　　大书房园林建筑群是广州市发现的罕见乡村园林建筑。

大书房天井漏窗（周展恒 摄）

偏厅二层望向园林（周展恒 摄）

偏厅二层内景（周展恒 摄）

大书房正厅（周展恒 摄）

偏厅楼梯（周展恒 摄）

本章参考文献：
①陈建华. 广州市文物普查汇编　增城区卷［M］. 广州：广州出版社，2008.
②竺培愚. 渐行渐远古村落：岭南篇［M］. 北京：经济科学出版社，2013.

光布围龙屋航拍（李沃东 摄）

# 25 光布围龙屋
Round-Dragon House in Guangbu Village, Zengcheng District

## 深山中的盘龙

光布围龙屋正面（冯雄锋 摄）

　　光布围龙屋位于中新镇坳头村。据《增城县志》记载，该村始祖陈文渠于清康熙五十四年（1715年）从本地坳头来该地立村，至今已有290余年历史，现有人口160余人，村民多姓陈。该村建在一座小山冈的西侧，坐东朝西，该村的建筑为平面呈前方后圆的围龙屋。村内以祠堂为中轴，绕祠堂的左右及后面建扇形环带屋。南北阔38.6米，东西深40米，建筑占地1544平方米。祠的左右有青云巷，巷宽4米，深17.5米，前带巷门，门为门楼式十七檩人字顶，门楼的屋面及门面墙与祠堂和环带屋相连，使整个村落连成一体。木板门夹，门洞上有趟栊，门墙上留有猫狗洞。在祠的后面与环带屋之间有一块俗称为"胎地"的半月形旷地。胎地、青云巷地面均用卵石铺砌。村前有比村面稍阔、深8.5米的旷地和一口300余平方米的半月形池塘，村后有后龙山风水林。在距村稍远处四面环山，环境幽雅。

祠堂（冯雄锋 摄）

祠堂后胎地（冯雄锋 摄）

青云巷（冯雄锋 摄）

祠堂天井（冯雄锋 摄）

祠堂后胎地（冯雄锋 摄）

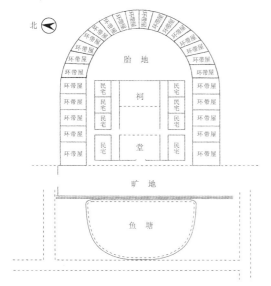

光布围龙屋平面图

本章参考文献：
①陈建华. 广州市文物普查汇编　增城区卷［M］. 广州：广州出版社，2008.
②竺培愚. 渐行渐远古村落：岭南篇［M］. 北京：经济科学出版社，2013.

# 26 高埔村
## Gaopu Village, Zengcheng District

新高埔航拍（冯雄锋 摄）

禾岭头昌华公祠建筑群（周展恒 摄）

## 海上生明月，天涯共此"居"

元末，唐朝名臣张九龄的后人张祥因厌倦了仕途险恶，而萌生了归隐之心。他一路北上开辟，来到本邑北部的鹧鸪山下，发现了一处丰水肥田的山岗，决定在此定居开村，便将此山岗命名为"禾岭头"。明朝初，他的同宗兄弟张祐因族人被冤入狱，为保存张氏灯火，从激沥（今增城小楼腊圃）迁居至禾头岭毗邻的"旧高埔"。明万历二十六年（1598年），张兰亭、张椿庭兄弟因匪患猖獗而从旧高埔再迁居至"新高埔"，至清康熙四十六年（1707年）再由张梅庵、张朴斋兄弟重建。三地张氏同出一源，本章按照当地百年来的习惯将此三村合称为"高埔"，并按开村的先后次序分别叙述。

昌华公祠山门（周展恒 摄）

山门梁架（周展恒 摄）

# 一、昌华公祠

高埔三村的布局都是岭南村落典型的梳式布局，联排屋的中轴为幽深的香火堂，当地人称为"厅厦"，用以安放张氏祖先的牌位。祖堂的旁边多设"官厅"（即惯称的祠堂、书院），而昌华公祠是禾岭头唯一的一座官厅。

昌华公祠始建于清道光二十四年（1844年），是增城北郊山区最宏伟的一座祠堂建筑。总面阔34.7米，总进深34.3米，总占地面积1190.21平方米。建筑主体由祠堂、书房、花园、池塘及厨厕等附属空间组合而成，是岭南山区罕见的园林书院建筑群。

祠堂三间三进，面阔13.6米，进深34.3米，占地466.48平方米。硬山顶，人字封火山墙，灰塑龙船脊，碌灰筒瓦，石脚青砖墙，红阶砖铺地。头门面阔三间，进深两间，前设双步廊。前廊步梁为月梁做法，梁底雕花，梁上驼峰斗栱和托脚施金漆木雕。木雕精致，保存良好。祠内墙身多以壁画装饰，多为渔樵耕读、诗书济世题材，起教化后人的作用。

书房与祠堂相连，其门前空间设计考究——以砖拱、花岗岩条石架起平台，余下三空洞作为池塘，二小一大，以通花砖砌筑女儿墙，既为栏河，又为花基。学子在书院内修读已久，可走出水庭，凭栏赏花观鱼，实在悠然自得。书房的左侧设置厨房、厕所各一间。

昌华公祠航拍（冯雄锋 摄）

旧高埔厅厦内景（周展恒 摄）

旧高埔厅厦（周展恒 摄）

旧高埔厅厦内景（周展恒 摄）

旧高埔龙纹石（周展恒 摄）

## 香火堂（厅厦）

高埔三村特有的一种祭祀性建筑，当地人俗称为"厅厦"，也就是我们常说的香火堂，或祖堂。厅厦一般位于全村的中轴，进深也是联排建筑中最为深远的一座，一般深四至五间。头门两侧设影壁，进入头门后是一露天小院。堂屋之间的天井作下沉水池，池边以花岗条石砌筑驳岸，空间虽然狭小，却显得清空平远。祖先牌位于最后一进，当天朗气清，阳光洒进天井，袅袅的香火升而成云，把后人的思念带上天乡。

这是旧高埔的一座厅厦。

## 龙纹灵石

据说明洪武年间，禾岭头开村祖张祥的儿子张文彬、张文叙偶然在池塘里发现一块奇石，兄弟俩把它挖掘出来，以水轻拭表面，竟见一龙翻卷于浮云之中，栩栩如生。兄弟俩视之为珍宝，并带回了家。

从此张家的生产一年比一年好，发展到男丁有700人，物业有官厅3间、祠堂1间、子母楼2间。后来张文彬的子孙迁居至现时的"新高埔"，龙纹石留在了逐渐冷落的旧高埔。遂有人起了贼心，前往盗取了灵石。然而奇怪的是，自从把龙石放在家中，盗贼的家竟变得非常诡异，甚至连鸡鸣狗吠声都没有了。盗贼越想越无福消受，于是星夜把龙石送回原处。龙石失而复得，张氏祖先就打造了一个石盆将其围住，视为镇村之宝，供后人参观、朝拜。

新高埔务本堂（周展恒 摄）

# 二、务本堂

务本堂位于新高埔村正对门楼处。始建于清乾隆十五年（1750年）。坐西朝东。三间三进，总面阔11.2米，总进深22米，建筑占地246.4平方米。硬山顶，人字封火山墙，灰塑龙船脊，碌灰筒瓦。青砖石脚，红阶砖铺地。

头门进深仅2米，共三檩。左右次间三叠灰塑仰莲出檐。门面墙为水磨青砖，花岗岩墙裙，墙上端施彩绘。宽阔的木板门（门板不存），仅存木门柱和石门槛。中堂进深三间8米，共十三架，前出三步廊，后出双步廊。架梁、步梁均以瓜柱承重，中间4金柱均为花岗岩八角柱。后金柱间施木屏门，上悬挂一块木横匾，中刻"务本堂"三字，落款"乾隆庚午仲冬吉旦"。

首进天井（周展恒 摄）

仰莲叠涩出檐（周展恒 摄）

新高埔梅庵张公祠（周展恒 摄）

梅庵张公祠首进天井，原牌坊已毁（周展恒 摄）

## 三、梅庵张公祠

梅庵张公祠位于务本堂南侧，是为祀奉新高埔重建人之一张梅庵而建的祠堂。建于清代。坐西朝东。三间四进，总面阔11.2米，总进深38.5米，建筑占地面积431.2平方米。硬山顶，人字封火山墙，碌灰筒瓦。青砖泥砖混用砌墙，俗称"金银墙"，花岗岩墙脚，红阶砖铺地。

门前有旷地，旷地左右及正面用10根方形花岗岩覆盆望柱夹栏板围成一小院。

首进和二进在日军侵华期间严重损毁，现头门、二进牌坊为20世纪50年代重修产物，已改变原貌。

中堂为垂远堂。进深三间10米，共十五架，前后出三步廊。架梁、步梁以瓜柱承重，前檐立两根红砂岩八角檐柱。中间立4根花岗岩八角金柱。明间前为三级石阶。

后堂进深6.9米，共十三架，前出三步廊。前檐立两根方形花岗岩石檐柱，左右次间建房。明间前为三级石阶。

梅庵张公祠中堂石柱（周展恒 摄）

泥砖、青砖混砌的"金银砖墙"（周展恒 摄）

新高埔村门（周展恒 摄）

务本堂、梅庵张公祠及村门的位置关系（冯雄锋 摄）

燕誉楼（周展恒 摄）

## 四、燕誉楼

燕誉楼位于新高埔村左侧，是一座防御性建筑。建于清代。坐北朝南。平面为长方形，总面阔11.4米，总进深10.3米，砖、木、石结构，楼高4层，约20米，建筑占地117.42平方米。硬山顶，正面双镬耳山墙，在两镬耳之间的墙头上施短小的灰塑龙船脊，脊下楼额镶嵌一块红砂岩石匾，横刻"燕誉楼"三字阳文繁体正书。楼的后部为镬耳封火山墙，结构独特，垂脊末端置陶塑葫芦。青砖石脚，灰沙铺地。四面墙上第二至第四层每面设2～4个窄长方形砖砌射击孔，顶层加设2～3个花岗岩方形窗。首层南面开一门，花岗岩石门夹，门洞上原安装铁门，现已不存。楼内首层5房1厅，前后分两部分，中设通道分隔。前部明间为天井，左右为房，天井的西南角有一口花岗岩方形水井，井口边长0.75米，已久不使用。后半部分设3间房，楼梯设在明间。第二至第四层每层设5间房为阁楼，木横檩上铺木板，现仍可使用。在第二至第四层次间跨通道设悬空木楼梯。该楼保存良好。

燕誉楼天井（周展恒 摄）

燕誉楼水井（周展恒 摄）

燕誉楼航拍（冯雄锋 摄）

通往燕誉楼的石桥（周展恒 摄）

通往燕誉楼的石桥（周展恒 摄）

本章参考文献：
①陈建华. 广州市文物普查汇编　增城区卷［M］. 广州：广州出版社，2008.
②竺培愚. 渐行渐远古村落：岭南篇［M］. 北京：经济科学出版社，2013.

# 后记

　　2017年，广州市规划和自然资源局（原广州市国土资源和规划委员会）委托广州市城市规划勘测设计研究院开展名为"历史文化名城保护规划专题研究——广州市传统村落保护发展机制研究"的专项调研。该项目旨在挖掘广州市现存的传统村落并记录其保护现状，为建设"新旧共融"的现代化广州提供理论支撑。《广州传统村落与乡土建筑》一书就是该项目的最终学术成果。本书收录了保存良好、具有学术价值的26个广州传统古村落的实景照片600余张、专业图纸百余张和文字史料约6万余字。绝大多数照片是编纂组的同事亲自下乡拍摄的，更有冒着危险登上危楼拍摄，只为向读者展现真实的场景。由于实物消失，或保存情况不佳，部分照片引自其他书籍。对于尚有的不足和纰漏，祈望读者与各界专业人士指正。

　　本书在编纂过程中，受到了各单位和领导的重视与关怀，特别是原广东省政协副主席石安海、原广州市人民政府副市长王东、原广州市规划局副局长林兆璋、广州市文史馆馆员陈泽泓等专家对成果的审阅和把关；以及广州市规划和自然资源局、广州市城市规划勘测设计研究院的各位领导对编撰工作的指导、帮助与支持。他们为编纂工作提供了强有力的后盾，保障了工作的顺利进展。再次感谢各位专家与领导的鼎力支持与帮助。

编者

2021年11月